WANGZHANJIANSHE
YUWANGYE
—SHEJI—

实战应用
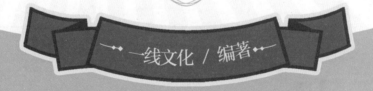

网站建设与
网页设计

一线文化 / 编著

中国铁道出版社
CHINA RAILWAY PUBLISHING HOUSE

内 容 简 介

本书打破了传统脱离实际的单一软件讲解模式，完全从"学以致用"的角度出发，首先给读者讲解了网站建设与网页设计的行业知识，如网站建设流程与规范、网页设计美学知识等，然后精选了网站建设与网页设计中的相关商业案例，系统并全面地讲解了网页设计与网站建设的实战应用和相关技能。

全书共分 16 章，深入浅出地讲解了什么是网页设计与网站建设，网站建设的流程与规范，网页设计的色彩搭配，网页设计中的文字特效、按钮特效、图像处理特效、动画特效、广告特效与页面特效设计，CSS 与 DIV 应用与网页布局设计。最后通过 3 个行业的典型网站的具体设计，讲解网站建设与网页设计的综合实战应用。

本书内容全面，讲解清晰，图文直观。本书既适合网页设计与网站建设的初、中级读者学习使用，也适合已从事该工作而又缺乏设计经验与实战的读者学习参考，同时还可作为大、中专院校、各类社会培训学习的参考用书。

图书在版编目（CIP）数据

网站建设与网页设计 / 一线文化编著 . —北京：

中国铁道出版社，2015.11

（实战应用）

ISBN 978-7-113-20278-1

Ⅰ．①网… Ⅱ．①一… Ⅲ．①网站－建设②网页制作

工具 Ⅳ．① TP393.092

中国版本图书馆 CIP 数据核字（2015）第 139596 号

书　　名：实战应用——网站建设与网页设计

作　　者：一线文化　编著

策　　划：苏 茜　王 佩　　　　读者热线电话：010-63560056

责任编辑：吴媛媛　　　　　　　　封面设计：MXK DESIGN STUDIO

责任印制：赵星辰

出版发行：中国铁道出版社（北京市西城区右安门西街 8 号　邮政编码：100054）

印　　刷：中国铁道出版社印刷厂

版　　次：2015 年 11 月第 1 版　　　　2015 年 11 月第 1 次印刷

开　　本：787mm×1092mm　1/16　印张：22.75　字数：500 千

书　　号：ISBN 978-7-113-20278-1

定　　价：79.00 元（附赠光盘）

FOREWORD --------------------------------

随着互联网技术的发展，网页设计与网站建设已成为互联网应用中的一个热门领域，无论是个人还是企事业单位，都需要通过网站、网页进行营销推广。其中，Photoshop、Flash、Dreamweaver 三个软件在网页设计与网站建设中应用最广泛。

◤ 本书特点

- 学以致用：本书打破了传统脱离实际的单一软件讲解模式，完全从"学以致用"的角度出发，首先给读者讲解了网站建设与网页设计的行业知识，如网站建设流程与规范、网页设计美学知识等，然后精选了网站建设与网页设计中的相关商业案例，系统并全面地讲解了网页设计与网站建设的实战应用和相关技能。快速让您从"菜鸟"设计水平，提升到"达人"水平。

- 案例丰富：作者从工作实践中精选了多个典型案例，全面涵盖了网站建设的流程与规范，网页设计的色彩搭配，网页设计中文字特效、按钮特效、图像处理特效、动画特效、广告特效与页面特效设计，CSS 与 DIV 应用与网页布局设计等内容。并在每章前面都有各领域设计的行业知识链接，让读者快速掌握行业设计经验，在学会使用软件的同时提高实战能力和应用经验。

- 视频教学：本书配送一张多媒体教学光盘，包含了书中所有实例的素材文件和结果文件，方便读者学习时同步练习。并且还配送全书重点应用案例的视频教学录像，书盘结合学习，其效果立竿见影。

◤ 本书内容

全书共分 16 章，深入浅出地讲解了什么是网页设计与网站建设，网站建设的流程与规范，网页设计的色彩搭配，网页设计中的文字特效、按钮特效、图像处理特效、动画特效、广告特效与页面特效设计，CSS 与 DIV 应用与网页布局设计。最后通过 3 个行业的典型网站的具体设计，讲解了网站建设与网页设计的综合实战应用。

◤ 本书读者

- 想从事网页设计与网站建设的人员；

- 大、中专职业院校设计与电子商务专业的学生；

- 社会培训班中学习网页设计与网站建设的学生；

- 已从事网页设计与网站建设工作，但缺乏行业经验和实战经验的用户；

- 广大网页设计与网站建设的初、中级读者和爱好者。

↖ 读者服务

凡购买本书的读者，即可申请加入读者学习交流与服务QQ群（群号：363300209），有机会获得《中文版 Photoshop 图像处理从入门到精通》电子图书一份，而且还为读者不定期举办免费的计算机技能网络公开课，欢迎加群了解详情。

本书由一线文化与中国铁道出版社联合策划，并由一线文化组织编写。参与本书编创的人员都具有丰富的实战经验和一线教学经验，并已编写出版过多本计算机相关书籍。在此，向所有参与本书编创的人员表示感谢！最后，真诚感谢您购买本书。您的支持是我们最大的动力，我们将不断努力，为您奉献更多、更优秀的计算机图书！由于计算机技术发展非常迅速，加上编者水平有限，书中疏漏和不足之处在所难免，敬请广大读者及专家批评指正。

编　者

2015 年 7 月

CONTENTS
目录

了解网页设计与网站建设   ⟫ Chapter

01

知识讲解——行业知识链接 **2**

Point 01   认识网页 2

   1. 文字 2

   2. 图片 2

   3. 表单 2

   4. Logo 3

   5. 导航 3

   6. 动画 3

   7. 广告 3

Point 02   什么是首页与主页 3

   1. 首页 3

   2. 主页 3

Point 03   常用网络术语 4

   1. 域名 4

   2. HTTP 协议 4

   3. FTP 协议 4

   4. 超链接 4

   5. 站点 5

Point 04   认识网站类型 5

   1. 门户网站 5

   2. 企业网站 5

   3. 个人网站 6

   4. 娱乐类网站 6

    5. 机构类网站 6

    6. 电子商务类网站 7

Point 05　网页设计常用工具 7

    1. Dreamweaver 7

    2. Flash 8

    3. Photoshop 8

    4. HTML 8

    5. CSS 9

    6. JavaScript 9

    7. ASP 9

    8. PHP 10

Point 06　网页中的图像应用 10

    1. 常见的网页图像格式 10

    2. 网页中应用图像的注意要点 10

Point 07　屏幕分辨率与网页设计 11

Point 08　韩国网页设计的特点 11

学习小结 13

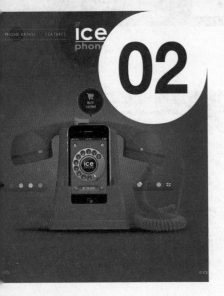

Chapter 网站建设规范和建设流程

02

知识讲解——行业知识链接 15

Point 01　网站建设规范 15

    1. 组建开发团队规范 15

    2. 开发工具规范 15

    3. 超链接规范 16

    4. 数据库开发 16

    5. 文件夹和文件命名规范 17

Point 02　网站建设的基本流程 17

    1. 网站整体规划 17

    2. 确定网站的内容和服务 18

3．规划网站目录结构 18

4．收集资源 19

5．网页效果图设计 19

6．编辑制作网页 20

7．申请域名和服务器空间 20

8．网站的维护、测试和发布 21

9．网站的宣传推广 21

学习小结 **22**

网页的色彩搭配   ❯ Chapter

知识讲解——行业知识链接 **24**

Point 01　网页配色基础 24

1．RGB 24

2．HSB 25

3．色环 25

4．原色 25

Point 02　网页的色彩对比 26

1．明度对比 26

2．色相对比 26

3．纯度对比 28

4．色彩的冷暖对比 28

Point 03　常见的网页配色方案 29

1．黄色网页例图 29

2．红色网页例图 30

3．蓝色网页例图 30

4．间色网页例图 31

5．复色网页例图 32

6．补色网页例图 33

7．邻近色网页例图 34

8．同类色网页例图 34

9．暖色网页例图 35

10．冷色网页例图 36

Point 04　网站的色彩选择与搭配 37

1．选择色彩 37

2．搭配色彩 39

学习小结 **42**

> **Chapter　网页文字特效设计**

04

知识讲解——行业知识链接 44

Point 01　网页文字的形式概述 44

1．标志 44

2．标题 44

3．超链接 44

4．文字信息 44

Point 02　字体的使用 45

1．中文字体 45

2．拉丁字母 46

Point 03　文字的大小 46

1．文字的大小决定形象 46

2．粗细印象优先 46

Point 04　字体的粗细 46

1．字体粗细特征 47

2．细字不适合做新闻标题 47

3．正文不要应用粗细变化 47

Point 05　字距与行距 47

Point 06　文字图形化 48

Point 07　文字的强调 48

1．强调字首 48

2．引文的强调 49

3．关键词的强调 49

4．链接文字的强调 49

5．线框、符号的强调 49

Point 08　网页文字设计方法 49

1．对比 50

2．笔画互用 50

3．笔画突变 50

4．添加形象 50

5．笔画连接 51

6．表面装饰 51

7．添加圆框或方框 51

实战应用——上机实战训练 51

Example 01　网页卷边文字 52

Example 02　网站入口文字 55

Example 03　巧克力文字 58

Example 04　金色纹理文字 60

学习小结 65

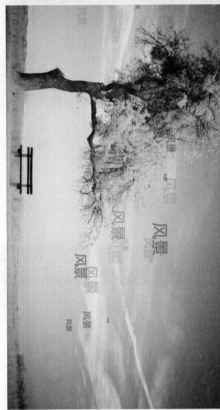

网页按钮特效设计　　　❯ Chapter

知识讲解——行业知识链接 67

Point 01　按钮与链接的区别 67

1．按钮 67

2．链接 67

Point 02　按钮本身的用色 67

Point 03　按钮的位置 68

05

Point 04　按钮上的文字表述 68

Point 05　按钮的空间 68

Point 06　按钮的优先级别 68

实战应用——上机实战训练 69

Example 01　网站竖列按钮 69

Example 02　网页上的透明按钮 71

Example 03　小鱼按钮 74

Example 04　网站导航按钮 77

Example 05　视频与音乐按钮 80

学习小结 83

❯ Chapter　网页图像处理与特效设计

06

知识讲解——行业知识链接 85

Point 01　常见的网页图像格式及优点 85

Point 02　图像的颜色 85

Point 03　图像的尺寸 85

Point 04　图像与文字的搭配 86

　1．主次分明，中心突出 86

　2．大小搭配，相互呼应 86

　3．图文并茂，相得益彰 86

实战应用——上机实战训练 86

Example 01　将网页中的图像添加怀旧效果 86

Example 02　替换网页图像的颜色 89

Example 03　使用变化制作三色网页图片 91

Example 04　网页中的立体图像 94

Example 05　为网页图像添加艺术色彩 97

学习小结 **100**

网页文字动画特效设计　　▶ Chapter

07

知识讲解——行业知识链接 **102**

Point 01　文字动画的特点 102

Point 02　文字动画的表现方法 102

实战应用——上机实战训练 **102**

Example 01　毛笔写字特效 102

Example 02　网页冲击波文字 106

Example 03　极光文字 109

Example 04　网页中极速漂移的文字 113

Example 05　甩不开的文字 118

学习小结 **121**

鼠标与菜单动画特效设计　　▶ Chapter

08

知识讲解——行业知识链接 **123**

Point 01　鼠标特效的应用 123

Point 02　菜单特效的应用 123

实战应用——上机实战训练 **123**

Example 01　控制弹性小球 124

Example 02　图像上的水纹 128

Example 03　把网页擦出来 132

Example 04　右键快捷菜单 134

Example 05　不停旋转的3d菜单 136

Example 06　控制小兔动作 140

学习小结 **145**

> **Chapter**　Flash 网络广告动画设计

09

知识讲解——行业知识链接 **147**

Point 01　Flash广告的特点 147

　1. 适合网络传播 147

　2. 表现形式丰富 147

　3. 强大的交互功能 147

　4. 针对性强 147

Point 02　Flash广告的应用 147

　1. 宣传某项内容 147

　2. 作为链接的标志 148

　3. 用于展示某些产品 148

Point 03　Flash广告的基本类型 148

　1. 普通 Flash 广告条 148

　2. 弹出式 Flash 广告 148

　3. 网站片头广告 148

Point 04　Flash广告的制作流程 148

　1. 确定广告的内容 148

　2. 构思广告的结构 148

　3. 收集素材 149

　4. 编辑动画及发布 149

实战应用——上机实战训练 **149**

Example 01　网络游戏宣传广告 149

Example 02　服饰竖条广告 155

Example 03　美食网站Banner条 162

Example 04　家居网络广告 166

学习小结 **169**

Action 动画特效设计　　　❯ Chapter

10

知识讲解——行业知识链接 **171**

Point 01　Action Script 3.0概述 171

Point 02　Action Script 3.0暂新的"动作"
　　　　　面板 171

Point 03　良好的编程习惯 172

　1. 命名规则 173

　2. 给代码添加注释 173

　3. 保持代码的整体性 174

实战应用——上机实战训练 **174**

Example 01　雪花动画特效 174

Example 02　神秘网页特效 177

Example 03　多彩方块效果 180

Example 04　小雨点 187

Example 05　美丽的喷泉 191

Example 06　网页登录界面 194

Example 07　气球 197

学习小结 **201**

¥49.00　　　　　邮费: 12.0

情人节创意礼品手工love书折浪漫di...

已售 1817 件

好创意商店

> Chapter 网页特效设计

11

知识讲解——行业知识链接 **203**

Point 01 什么是网页特效 203

Point 02 网页特效的分类 203

实战应用——上机实战训练 **203**

Example 01 网站提示信息 203

Example 02 响应鼠标的文字 206

Example 03 单击隐去图像 210

Example 04 网页中的动态日期 212

Example 05 网页中的透明动画 215

Example 06 检测用户屏幕分辨率 219

Example 07 制作虚线表格 221

学习小结 **224**

> Chapter CSS 与 DIV 设计网页

12

知识讲解——行业知识链接 **226**

Point 01 CSS概述 226

Point 02 DIV概述 226

Point 03 什么是Web标准 226

Point 04 Web标准的构成 227

  1. 结构 227

  2. 表现 227

  3. 行为 227

实战应用——上机实战训练 227

Example 01　制作边框阴影与折角效果 228

Example 02　制作商品图文列表 231

Example 03　在网页中放大文字 237

Example 04　创意六边形菜单设计 239

Example 05　制作动态模糊网页 241

Example 06　制作卡通网页 243

Example 07　制作时尚网页 247

学习小结 253

网页布局设计

> Chapter

13

知识讲解——行业知识链接 255

Point 01　网站栏目和页面设计策划 255

　1．网站的栏目策划 255

　2．网站的页面策划 255

Point 02　点、线、面的构成 256

　1．点的构成 256

　2．线的构成 257

　3．面的构成 257

Point 03　网站页面版式设计 258

　1．"国"字型布局 258

　2．拐角型布局 258

　3．框架型布局 259

　4．封面型布局 259

　5．Flash 型布局 259

　6．标题正文型 259

实战应用——上机实战训练..............**260**

Example 01　制作浮动框架网页 260

Example 02　制作搜索网页 266

Example 03　制作数码产品网页 269

Example 04　制作登录网页 274

Example 05　制作注册网页 278

Example 06　制作联系我们网页 283

Example 07　制作动感导航网页 286

Example 08　制作业务介绍网页 291

学习小结 **294**

❯ Chapter 综合案例：企业官方网站设计

14

知识讲解——行业知识链接..............**296**

Point 01　网站项目分析 296

Point 02　确定网站风格 296

实战应用——上机实战训练..............**296**

Example 01　处理网站图像 297

Example 02　插入透明Flash动画 299

Example 03　制作网站公告 302

Example 04　制作网页主体部分 304

Example 05　制作产品展示页面 307

学习小结 **312**

综合案例：某房地产网站设计 ❯ Chapter

知识讲解——行业知识链接..............**314**

Point 01　网站项目分析 314

Point 02　确定网站风格 314

实战应用——上机实战训练..............**314**

Example 01　制作Flash动画 314

Example 02　制作网站片头页 318

Example 03　制作网站导航 321

Example 04　制作网站首页 324

学习小结 **327**

15

综合案例：在线交互娱乐网站设计 ❯ Chapter

知识讲解——行业知识链接..............**329**

Point 01　网站项目分析 329

Point 02　确定网站风格 329

实战应用——上机实战训练..............**329**

Example 01　制作按钮 329

Example 02　制作首页 332

Example 03　制作库项目 335

Example 04　在线播放音乐 337

Example 05　在线播放视频 341

学习小结 **344**

16

CHAPTER

1

DESIGNER

了解网页设计与网站建设

　　想要设计出令人满意的网页，不仅要熟练掌握网站设计软件的基本操作，而且还要掌握网站建设的基本知识。

　　本章主要介绍网站建设的入门知识，使初学者对网站建设有一个大致的了解。通过本章的学习，相信读者可以了解首页和主页的基本概念、了解常见的网站类型、熟悉网页设计常用工具等。

知识讲解——行业知识链接

本章主要介绍网页的基本常识，包括网页的基本构成、什么是首页、主页等知识。

Point 01 认识网页

网页是构成网站的基本元素，是将文字、图片等信息相互链接起来而构成的一种信息表达方式，也是承载各种网站应用的平台。文字与图片是构成网页的两个基本要素，还有表单、导航、动画、广告等，如下图所示。

1. 文字

文字是构成网页的一个最基本要素，它是向浏览者传递信息最直接和有效的方式，对于大多数浏览器来说，文字都是可以显示的，无须任何外部程序或模块的支持。由于用户的电脑配置不尽相同，所以网页中所能使用的字体只有几种是通用的，如宋体、黑体等。

2. 图片

图片也是构成网页的基本要素之一，在任何网站中都会有图片的存在。图片的格式有多种，但是基于网络的特殊情况，并不是所有的图片格式都可以在网页中显示，只有少数几种图片格式可以应用到网页中，如 Gif、Jpeg、Png 等。

3. 表单

表单是功能型网站中经常使用的元素，是网站交互中最重要的组成部分之一。在网页中，小到搜索框，大到用户注册，都会用到表单及其表单元素。

网页中的表单是用来收集用户信息、帮助用户进行功能性控制的元素。表单的交互设计与视觉效果是网站设计相当重要的环节。

4. Logo

在网页中，Logo 作为网站的标志，起着非常重要的作用。一个漂亮的 Logo 可以为网站增色不少，而且还可以树立良好的网站形象。

5. 导航

导航是网站设计中不可缺少的基础元素之一，它是网站信息结构的基础分类，也是浏览者进行信息浏览的路标。导航栏要放在网站比较醒目的位置，浏览者进入网站，首先会寻找导航栏，通过导航栏可以直观地了解网站的内容和信息分类方式，以便选择自己需要的信息。

6. 动画

随着互联网技术的快速发展，网页中越来越多地出现了各种多媒体元素，其中包括动画、视频、音频等。大多数浏览器本身都可以显示或播放这些多媒体元素，如 Gif 动画、Flash 动画等。

目前，网页中应用的动画元素主要有两种，分别是 Gif 和 Swf。Gif 动画的效果单一，而 Swf 动画（Flash 动画）具有良好的交互效果，因此，后者在网页动画领域的应用已越来越广泛。

7. 广告

网站作为一种已经被大众所熟悉并接受的媒体，其广告价值空间也逐步凸显。纵观绝大多数门户网站和商业网站，其广告植入量都非常大，当然广告收入也很乐观。网站的广告形式非常多样化，常见的就是弹出式广告、浮动广告和页面广告，当然也存在很多隐性的广告。

Point 02　什么是首页与主页

1. 首页

在访问一个网站时，首先看到的网页一般称为该网站的首页。网站首页是一个网站的入口网页，如左下图所示。

2. 主页

首页只是网站的开场页，单击页面上的文字或图片，即可打开网站的主页，如右下图所示。

知识链接 → 网站主页与首页的区别

网站主页与首页的区别在于：主页设有网站的导航栏，是所有网页的链接中心，而首页没有网站的导航栏。但大多数网站的首页与主页通常合为一体，即省略了首页而直接显示主页，在这种情况下，它们是指同一个页面，如下图所示。

Point 03 常用网络术语

前面已经讲解了一些网页的基础常识，这里就一些常用的网络术语做详细介绍，以方便读者学习后面的内容。

1. 域名

域名相当于写信时的地址。简单来说，在浏览一个网站时，首先要在浏览器的地址栏中输入对应的网址，如网易 http://www.163.com，该网址中的 163.com 就是网易网站的域名。域名在互联网上具有唯一性。

2. HTTP 协议

HTTP 协议即超文本传输协议，它是 WWW 服务器使用的主要协议。此外，有时也会看到 HTTPS 协议，它是一种具有安全性的 SSL 加密传输协议，需要 CA 申请证书。

3. FTP 协议

FTP 协议是网络上主机之间进行文件传输的用户级协议。在本书最后讲解的上传文件到互联网上，就是使用 FTP 协议的传输软件将已完成的作品上传到互联网供浏览者访问。

4. 超链接

超链接是网络的联系纽带，用户可以通过网页中的超链接在互联网上畅游，而不受任何的阻隔。在网页中，超链接体现最为明显的就是导航栏，它是网站中用于引导浏览者浏览本网站的基础目录。

5. 站点

站点是网页设计人员在制作网站时，为了方便对同一个目录下的内容相互调用而创建的一个文件夹，主要用来管理网站的内容。一个网站中可以包含一个站点，如个人网站、企业网站等；也可包含若干个站点，如新浪、网易、搜狐等大型门户网站。

Point 04 认识网站类型

网站是在 Internet 上通过超链接的形式构成的相关网页的集合。人们可以通过网页浏览器来访问网站，从而获取自己需要的资源或享受网络提供的服务。如果一家企业建立了自己的网站，那么就可以更直观地在 Internet 中宣传公司的产品，展示企业的形象。

根据网站用途的不同，可将网站分为以下几个类型。

1. 门户网站

门户网站是指共享某类综合性互联网信息资源并提供有关信息服务的应用系统，是涉及领域非常广泛的综合性网站，如下图所示。

2. 企业网站

企业网站即是企业门户，其拥有丰富的资讯信息和强大的搜索引擎功能，如下图所示。

3. 个人网站

个人网站就是由个人开发建立的网站，它在内容形式上具有很强的个性化，通常用来宣传自己或展示个人的兴趣爱好，如下图所示。

4. 娱乐类网站

娱乐类网站大多都是以提供娱乐信息和流行音乐为主的网站。例如，很多在线游戏网站、电影网站和音乐网站等，它们可以提供丰富多彩的娱乐内容。这类网站的特点也非常显著，通常色彩鲜艳明快，内容综合，多配以大量的图片，设计风格或轻松活泼，或时尚另类。

娱乐类网站的设计要求比较高，除了要表现出网页内部包含的内容，在网页的分类和布局结构上也很重要。只有漂亮的首页，才能引起爱好者的浏览兴趣。下图所示为娱乐类网站。

5. 机构类网站

机构类网站通常是指政府机关、非营利性机构或相关社团组织建立的网站。这类网站在互联网中应用十分广泛，如学术组织网站、教育网站、机关网站等，都属于这一类型网站。这类网站的风格通常与其组织所代表的意义相一致，一般采用较为常见的布局与配色方式。下图所示为机构类网站。

6．电子商务类网站

电子商务类网站建设有多种类型，其中最为常见的是在互联网上成立虚拟商场，为人们提供一种新的购物方式。随着网络的普及和人们生活水平的提高，网上购物已成为一种时尚。丰富多彩的网上资源、价格实惠的打折商品、服务优良和送货上门的购物方式，已成为人们休闲、购物两不误的首选方式。网上购物也为商家有效地利用资金提供了帮助，而且通过互联网来宣传自己的产品覆盖面广，因此，在现实生活中有越来越多的购物网站涌现出来。下图所示为购物类网站。

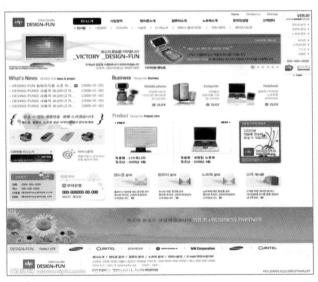

Point 05　网页设计常用工具

要想制作一个精美的网页，需要综合利用各种网页制作工具才能完成，下面简单地介绍一下常用的网页设计工具。

1．Dreamweaver

Dreamweaver 在网页设计与制作领域中是用户最多、应用最广、功能最强的软件，无论在国内还是在国外，它都是备受专业 Web 开发人员喜爱的软件。Dreamweaver 用于网页的整体布局和设计，以及对网站的创建和管理，利用它可以轻而易举地制作出充满动感的网页。左下图所示为利用 Dreamweaver CC 制作网页。

2. Flash

Flash 是一款非常优秀的交互式矢量动画制作工具，能够制作包含矢量图、位图、动画、音频、视频、交互式动画等内容的站点。为了吸引浏览者的兴趣和注意，以及传递网站的动感和魅力，许多网站的介绍页面、广告条和按钮，甚至整个网站，都是采用 Flash 制作的，Flash 是一款十分适合动态 Web 制作的工具。右下图所示为利用 Flash CC 设计动画。

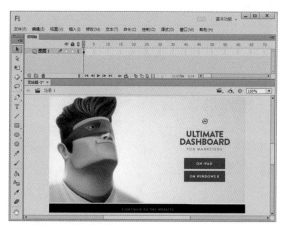

3. Photoshop

Photoshop 凭借其强大的功能和广泛的使用范围，一直占据着图像处理软件的领先地位。Photoshop 支持多种图像格式及多种色彩模式，可以任意调整图像的尺寸、分辨率及画布大小，使用 Photoshop 可以设计网页的整体效果图，处理网页中的产品图像、设计网页 Logo、设计网页按钮和网页宣传广告图像等。左下图所示为利用 Photoshop CS6 设计网页图像。

4. HTML

在制作网页时，大多人都会采用一些专用的网页制作软件，如 FrontPage、Dreamweaver。这些工具都是所见即所得，非常方便。使用这些编辑软件工具可以不用编写代码。在不熟悉 HTML 语言的情况下，一样可以制作网页。这是网页编辑软件的最为成功之处，但同时也是它们的最大不足之处，受软件自身的约束，将产生一些垃圾代码，这些垃圾代码将会增大网页体积，降低网页的下载速度。在很多时候，为了实现一些特殊的效果和进行灵活的控制，需要手动对 HTML 代码进行调整，这就需要对 HTML 有一个基本的了解。

HTML 的英文全称是 Hyper Text Markup Language，中文通常称作超文本标记语言或超文本标签语言，HTML 是 Internet 上用于编写网页的主要语言，它提供了精简而有力的文件定义，可以设计出多姿多彩的超媒体文件，通过 HTTP 通信协议，使 HTML 文件可以在全球互联网（World Wide Web）上进行跨平台的文件交换。右下图所示为在 Dreamweaver CC 中编辑 HTML 代码。

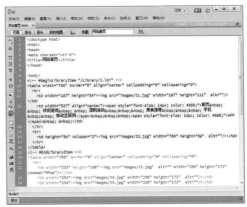

5. CSS

CSS（Cascading Style Sheets），也称为"层叠样式表"。CSS 是一组样式，样式中的属性在 HTML 元素中依次出现，并显示在浏览器中。样式可以定义在 HTML 文件的标志（TAG）里，也可以在外部的附件文件中。如果是附件文件，一个样式表可以用于多个页面，甚至整个站点，因此具有更好的易用性和扩展性。

CSS 的每一个样式表由相对应的样式规则组成，使用 HTML 中的 style 组件就可以把样式规则加入 HTML 中。style 组件位于 HTML 的 head 部分，其中也包含网页的样式规则。由此可以看出 CSS 的语句是内嵌在 HTML 文档内的，所以编写 CSS 的方法和编写 HTML 文档的方法相同。

6. JavaScript

在 HTML 中，最常见的网页脚本语言是 JavaScript，它可以嵌入 HTML 中，在客户端执行，是动态特效网页设计的最佳选择，同时也是浏览器普遍支持的网页脚本语言。

JavaScript 程序可以使用户的页面更加生动、活泼，它以少的程序量完成大的功能。JavaScript 是一种基于对象和事件驱动并具有安全性能的脚本语言，有了 JavaScript，可使网页变得生动。使用它的目的是与 HTML 超文本标识语言、JavaScript 脚本语言一起实现在一个网页中链接多个对象，与网络客户交互作用，从而可以开发客户端的应用程序。它是通过嵌入或调入在标准的 HTML 语言中实现的。

7. ASP

ASP 是一套微软公司开发的服务器端脚本语言，其英文名称为 Active Server Page。ASP 内置于 IIS 之中，通过 ASP 可以结合 HTML 网页、ASP 指令和 ActiveX 元件建立动态、交互且高效的 WWW 服务器应用程序。同时，ASP 也支持 VBScript 和 JavaScript 等脚本语言，默认为 VBScript 脚本语言。

与 HTML 相比，ASP 网页具有以下特点：

（1）利用 ASP 可以实现突破静态网页的一些功能限制，实现动态网页技术。

（2）ASP 文件是包含在 HTML 代码所组成的文件中，易于修改和测试。

（3）服务器上的 ASP 解释程序会在服务器端执行 ASP 程序，并将结果以 HTML 格式传送到客户端浏览器上，因此，使用各种浏览器都可以正常浏览 ASP 所产生的网页。

（4）ASP 提供了一些内置对象，使用这些对象可以使服务器端脚本功能更强。

（5）ASP 可以使用服务器端 ActiveX 组件来执行各种各样的任务，例如，存取数据库、发送 E-mail 或访问文件系统等。

（6）由于服务器是将 ASP 程序执行的结果以 HTML 格式传回到客户端浏览器，因此使用者不会看到 ASP 所编写的原始程序代码，可防止 ASP 程序代码被窃取。

（7）方便连接 Access 与 SQL 数据库。

8. PHP

PHP，一个嵌套的缩写名称，是英文超级文本预处理语言（Hypertext Preprocessor）的缩写。PHP 是一种 HTML 内嵌式的语言，PHP 与微软的 ASP 有几分相似，都是一种在服务器端执行的嵌入 HTML 文档的脚本语言，语言的风格类似 C 语言，现在被很多的网站编程人员广泛地运用。

Point 06　网页中的图像应用

图像是网页中最重要的元素之一，图像不仅能美化网页，而且与文本相比能够更直观地说明问题。美观的网页是图文并茂的，一幅幅图像和一个个漂亮的按钮，不但可以使网页更加美观、生动，而且还可以让网页中的内容更加丰富。由此可见，图像在网页中的作用是非常重要的。

1. 常见的网页图像格式

网页中图像的格式通常有 3 种，即 GIF、JPEG 和 PNG。目前 GIF 和 JPEG 文件格式的支持情况最好，大多数浏览器都可以查看到它们。由于 PNG 文件具有较大的灵活性并且文件较小，所以它几乎对于任何类型的网页图形都是最适合的。但是 Microsoft Internet Explorer 和 Netscape Navigator 只能支持部分 PNG 图像的显示，建议使用 GIF 或 JPEG 格式以满足更多人的需求。

2. 网页中应用图像的注意要点

网页设计与一般的平面设计不同，网页图像不需要很高的分辨率，但这不代表任何图像都可以添加到网页上。在网页中使用图像还需要注意以下几点。

（1）图像不仅是修饰性的点缀，还可以传递相关信息。所以在选择图像前，应选择与文本内容及整个网站相关的图像为主。

（2）除了要考虑图像的内容外，还要考虑图像的大小，如果图像文件太大，浏览者在下载时会花费很长的时间去等待，这将会大大影响浏览者的下载意愿。所以一定要尽量压缩图像的文件大小。

（3）图像的主体最好清晰可见，图像的含义最好简单明了。图像文字的颜色和图像背景颜色最好鲜明对比。

（4）在使用图像作为网页背景时，最好能使用淡色系列的背景图。背景图像的像素越小越好，这样既可以大大降低文件的质量，又可以制作出美观的背景图。

（5）对于网页中的重要图像，最好添加提示文本。这样做的好处是，即使浏览者关闭了图像显示或由于网速而使图像没有下载完，浏览者也能看到图像的说明，从而决定是否下载图像。

Point 07　屏幕分辨率与网页设计

屏幕分辨率就是屏幕分辨图像的清晰度，以水平和垂直像素来衡量，例如，分辨率160×128 像素的意思是指水平像素数为 160 个、垂直像素数为 128 个。

屏幕分辨率低时（如 800×600 像素），在屏幕上显示的项目少，但尺寸比较大；屏幕分辨率高时（如 1 024×768 像素），在屏幕上显示的项目多，但尺寸比较小。在屏幕尺寸一样的情况下，分辨率越高，显示效果就越精细和细腻。

屏幕分辨率决定了网页设计制作的尺寸，在设计网页时，布局的难点在于用户的各自环境是不同的。在常用的 800×600 像素和 1 024×768 像素分辨率下看起来都很美观的布局设计是相当困难的。左下图与右下图所示为网页在不同屏幕分辨率下的显示效果。

从上面两张图可以看出，如果屏幕分辨率是 800×600 像素，那么显示的图片和文字就比较大，同样屏幕大小所包含的网页信息就会少一些；如果屏幕分辨率是 1 024×768 像素，那么显示的图片和文字就比较小，同样屏幕大小所包含的网页信息就会多一些。

由于浏览器本身要占一定的尺寸，因此网页尺寸一般都要小于屏幕分辨率，具体有如下两点。

（1）在 800×600 像素下，网页宽度保持在 778 像素以内，就不会出现水平滚动条，高度则根据面和内容来决定。

（2）在 1 024×768 像素下，网页宽度保持在 1 002 像素以内，如果为满屏显示，那么高度在 612 ～ 615 像素之间就不会出现水平滚动条和垂直滚动条。

在设计网页的时候，原则上网页的长度不超过 3 屏，宽度不超过 1 屏。电脑屏幕上一次显示的全部内容，称之为 1 屏。屏幕显示的大小跟显示器尺寸、浏览器设置有直接的关系。

Point 08　韩国网页设计的特点

从 20 世纪 80 年代至今，可以说在我国掀起了一股韩流，如韩国的音乐、电视剧、电影、游戏等，现在看爱情剧的都喜欢看韩剧，韩国的电影、游戏在我国也是比较流行，而韩国的网站在我国同样也是受到越来越多的网站爱好者的欢迎。

　　一些网页设计的初学者一般都会去模仿韩国的网站进行设计，通过分析他们的网站，让人不由得惊叹，韩国的站点在框架结构、内容排版、色彩搭配、图片运用上大多达到了和谐的统一，他们的设计师更是拥有较大的设计空间，让人不由地惊叹他们的创造力，当然并不是说我们国人的创造力没有他们强。

　　首先是韩国的设计师在色彩的使用方面可以说是运用非常得当，在我们看来有一些非常难看的颜色到了他们的手里很轻易地就搭配出一种很独特或和谐的美感，给人的感觉要么是淡雅迷人，要么是独特大胆，能很好地把颜色搭配起来，给人一种舒畅的感觉。

　　其次是韩国网站大量运用 Flash 和图片，大量的图片、Flash 得以很好地运用，如下图所示。网站里的图片都是 40KB、50KB 的大图，网页图片多的页面大小通常都是几百 KB。韩国的 banner 大都以横幅广告条出现在页面的导航栏下面，采用的都是精美的图片或者是手绘风格的矢量插图。国内很多网站也采用大幅的 Flash 广告条，但是通常都是着眼于如何去表现 Flash 动画的酷、炫的感觉，使得浏览者过于关注 Flash 而忽视了页面的其他内容。而韩国的 Flash 则更好地服务于网站的主题，和整个页面搭配起来看得舒服而不抢眼，关键就在于整个 Flash 不是全部变化，而只是局部在动，以及文字和背景的巧妙配合。韩国网页设计师的手绘能力很强，页面中采用大量手绘的矢量图片，使得整个网站显得精致而与众不同。

　　最后是韩国网站的页面层次感，这个层次感不是靠做几个立体字来体现的，其实也不过是添加简单的图片或文字阴影效果和巧妙地利用构图来形成视觉上的差异，但就是这种设计上的不拘泥于形式而使网站的立体效果呼之欲出，层次感还体现在了细微部分的设计上，如果少了那些细节，将会使他们的网站逊色不少。

　　在建立网站时，并不要过多地去模仿韩国网站的设计风格，而是要形成自己的风格，学习如何更好地继承我们优秀的民族艺术，将它和现代设计理念结合起来，做出更有特色的精彩网站。

学习小结

　　本章向读者介绍了网页中的基本要素、常用的网络术语、网站的常见类型和特点，然后介绍了网页设计中的常用工具 Dreamweaver CC、Flash CC 与 Photoshop CC，它们已经成为网页制作的梦幻工具组合，接着介绍了最常用的动态网页语言 ASP、HTML、JavaScript 等，最后介绍了网页中的图像应用、屏幕分辨率与网页设计、韩国网页设计的特点。使初学者对网站建设有一个大致地了解，为以后的学习打好基础。

CHAPTER

2.

DESIGNER

网站建设规范和建设流程

　　网站是由一个个网页通过超链接组成的。要想制作精美的网页，不仅需要熟练地使用网页设计软件，还需要掌握网站建设中的一些规范及网站开发的流程。

知识讲解——行业知识链接

任何一个网站在开发之前都需要定制一个开发约定和规则，这样有利于项目的整体风格统一、代码维护和扩展。由于网站项目开发的分散性、独立性、整合的交互性等，所以定制一套完整的约定和规则显得尤为重要。这些规则和约定需要与开发人员、设计人员和维护人员共同讨论定制，将来在开发时严格按照规则或约定开发。每个团队开发都应有自己的一套规范，一个优良可行的规范可以使我们工作得心应手且事半功倍，这些规范都不是唯一的标准，不存在对与错。

Point 01　网站建设规范

1．组建开发团队规范

在接手项目后的第一件事就是组建团队，根据项目的大小团队可以有几十人，也可以是只有几个人的小团队，在团队划分中应该包含 6 个角色，这 6 个角色是必需的，分别是项目经理、策划、美工、程序员、代码整合员、测试员。如果项目够大，人数够多那就分为 6 个组，每个组再来细分分工。下面简单介绍一下这 6 个角色的具体职责。

（1）项目经理负责项目的总体设计，开发进度的定制和监控，定制相应的开发规范，各个环节的评审工作，协调各个成员小组之间的开发。

（2）策划提供详细地策划方案和需求分析，还包括后期网站推广方面的策划。

（3）美工根据策划和需求设计网站 VI、界面、Logo 等。

（4）程序员根据项目的总体设计来设计数据库和功能模块的实现。

（5）代码整合员负责将程序员的代码和界面融合到一起，代码整合员还可以制作网站的相关页面。

（6）测试员负责测试程序。

2．开发工具规范

网站开发工具主要分为三个部分，第一部分是网站前台开发工具；第二部分是网站后台开发环境。下面分别简单介绍这两个部分需要使用的软件。

网站前台开发主要是指网站页面设计。包括网站整体框架建立、常用图片、Flash 动画设计等，主要使用的软件是 Adobe Photoshop、Dreamweaver 和 Flash 等。

网站后台开发主要是指网站动态程序开发、数据库创建，主要使用的软件和技术是 ASP 和数据库。ASP 是一种非常优秀的网站程序开发语言，以全面的功能和简便的编辑方法受到众多网站开发者的欢迎。数据库系统的种类非常多，目前以关系型数据库系统最为常见，所谓关系型数据库系统是以表的类型将数据提供给用户，而所有的数据库操作都是利用旧的表来产生新的表。常见的关系型数据库包括 Access 和 SQL Server。

网站项目管理主要是指对开发进度和代码版本的控制。开发进度用 Microsoft Project 来制定，代码版本控制采用 Visual Sourcesafe，当然还有其他的选择如 CVS 和 Rational Clearcase。网站测试采用 VS.net 的附带工具 Microsoft Application Center Test，它可以进行并行、负载测试等，程序文档编写采用 Word。

3. 超链接规范

在网页中的链接按照链接路径的不同可以分为 3 种形式："绝对路径"、"相对路径"、"根目录相对路径"。

小网站由于层次简单，文件夹结构不过为两三层，而且网站内容、结构的改动性太小，所以使用"相对路径"是完全可以胜任的。

当网站的规模大一些时，由于文件夹结构越来越复杂，且基于模板的设计方法被广泛地使用，使用"相对路径"会出现如"超链接代码过长"、"模板中的超链接在不同的文件夹结构层次中无法直接使用"等问题。此时使用"根目录相对路径"是理想的选择，它可以使超链接的指向变得绝对化，无论在网站的哪一级文件夹中，"根目录相对路径"都能够准确地指向。

当网站规模再度增长，发展成为拥有一系列子网站的网站群时，各个网站之间的超链接就不得不采用"绝对路径"了。为了方便网站群中的各个网站共享，过去在单域名网站中以文件夹方式存放的各种公共设计资源，最好采用独立资源网站的形式进行存放，各子网站可以使用"绝对路径"对其进行调用。

网站的超链接设计是一个比较旧的话题，但非常重要。设计和应用超链接确实是一项对设计人员的规划能力要求非常高的工作，而且规划能力大多数都是靠经验积累来获得的，所以要善于和勤于总结。

4. 数据库开发

数据文件命名采用系统名 + _ + 文件类型，例如系统名为 use，则数据库文件命名为 use_database.mdf，有的数据库文件有多个，例如 SQL Server 就有两个，一个是数据库文件，另一个是日志文件，那么它们的文件命名分别为 use_database.mdf，use_log.log。文件名全部采用小写。

数据库表命名规范，表名长度不能超过 30 个字符，表名中含有的单词全部采用单数形式，单词首写字母要大写，多个单词间不用任何连接符号。若库中有多个系统，表名采用系统名称 + 单词或多个单词，系统名是开发系统的缩写，系统名称全部采用小写英文字符，如 bbsTitle，bbsForumType。若库中只含有一个系统，那么表名仅用一个单词或多个单词。单词选择能够概括表内容的一个或多个英文单词，如 UserInfo，UserType。关联表命名规则为 Re_ 表 A_ 表 B，Re 是 Relative 的缩写，如 Re_User_ArticleType，Re_User_FormType。

数据库字段命名规范，数据库字段名全部采用小写英文单词，单词之间用"_"隔开，命名规则是表别名 + 单词，如 user_name，user_pwd。

5．文件夹和文件命名规范

文件夹命名一般采用英文，长度一般不超过 20 个字符，命名时采用小写字母。文件名称统一用小写的英文字母、数字和下画线的组合。命名原则的指导思想一是使得工作组的每一位成员能够方便地理解每一个文件的意义；二是当在文件夹中使用"按名称排列"命令时，同一种大类的文件能够排列在一起，以便查找、修改、替换等操作。

在给文件和文件夹命名时注意以下规则。

（1）尽量不使用不易理解的缩写词

不要使用不易理解的缩写词，尤其是仅取首字母的缩写词。在网站设计中，设计人员往往会使用一些只有自己才明白的缩写词，这些缩写词的使用会给站点的维护带来隐患。如 xwhtgl、xwhtdl，如果不说这是"新闻后台管理"和"新闻后台登录"的拼音缩写，相信没有人能知道是什么意思？

（2）不重复使用本文件夹，或者其他上层文件夹的名称

重复本文件夹或者上层文件夹名称会增长文件名、文件夹名的长度，导致设计中的不便。如果在 images 文件夹中建立一个 banner 文件夹用于存放广告，那么就不应该在每一个 banner 的命名中加入"banner"前缀。

（3）加强对临时文件夹和临时文件的管理

有一些文件或者文件夹是为了临时的目的而建立的，如一些短期的网站通告或者促销信息、临时文件下载等。不要将这些文件和文件夹随意地放置。一种比较理想的方法是建立一个临时文件夹来放置各种临时文件，并适当使用简单的命名规范，不定期地进行清理，将陈旧的文件及时删除。

（4）在文件及文件夹的命名中避免使用特殊符号

特殊符号包括"&"、"＋"、"、"等是导致网站不能正常工作的字符，以及中文双字节的所有标点符号。

（5）在组合词中使用连字符

在某些命名用词中，可以根据词义，使用连字符将它们组合起来。

Point 02　网站建设的基本流程

创建网站是一个系统工程，有一定的工作流程，只有遵循这个步骤，按部就班地操作，才能设计出满意的网站。因此，在制作网站前，先了解网站建设的基本流程，只有这样才能制作出更好、更合理的网站。

1．网站整体规划

一项建筑工程在开始之前需要进行详细的规划，网站建设也是一样。在创建网站前必须要做的工作就是对网站进行整体的规划和设计。网站的整体规划和设计在整个网站创建中起到指导的作用。好的网站规划能令网站质量更佳，使浏览者身心舒畅。

网站的设计是展示企业形象、介绍产品和服务、体现企业发展战略的重要途径，因此必须明确设计站点的目的和用户需求，从而做出切实可行的设计计划。要根据消费者的需求、市场的状况、企业自身的情况等进行综合分析，牢记以"消费者（customer）"为中心，而不是以"美术"为中心进行设计规划。主要内容有以下几点。

（1）公司自身条件、概况、市场优势、可以利用网站提升哪些竞争能力、建设网站的能力（费用、技术、人力等）。

（2）相关行业市场及特点，是否适合利用网络开展公司业务。

（3）市场主要竞争者分析，竞争对手的上网情况及其网站规划、功能作用。

（4）客户和潜在客户的特点（分布地域、年龄阶段、网络速度、阅读习惯、文化风俗）。

一位商务学家曾经说过对于企业最重要的三句话：定位、定位，还是定位。在设计站点规划之初同样需要考虑：建设网站的目的是什么？为谁提供服务和产品？企业能提供什么样的产品和服务？企业产品和服务适合什么样的表现方式（风格）？

对网站的整体风格和特色做出定位，可以从以下几个方面来考虑。

（1）明确建立网站的目的：是宣传产品，进行电子商务，建立行业性网站？是企业需求还是市场需求？

（2）整合公司资源，确定网站的类型：产品宣传、网上营销、客户服务、电子商务。

（3）当前网站的规模及其扩展性。

2. 确定网站的内容和服务

网站的内容和服务使网站的目的和主题更加具体化。对于个人网站，网站的内容不用过分强调标新立异，但却不能做一些过于陈旧的东西。例如，几年前就已经兴起且流行过的东西就不要放太多。互联网上的访问者喜欢有新意的东西，访问者对于已经看过的东西一般很少会感兴趣。网上商城网站的栏目包括：会员登录、会员注册、产品搜索、产品详细信息、在线订单、相关帮助和联系信息等。

3. 规划网站目录结构

目录结构是一个容易忽略的问题，大多数网站都是未经规划就随意创建子目录。目录结构的好坏，对浏览者来说并没有太大的感觉，但是对于站点本身的上传维护，内容未来的扩充和移植有着重要的影响。下面是建立目录结构的一些建议。

（1）不要将所有文件都存放在根目录下

有的网友为了方便，将所有文件都存放在根目录下。这样做容易造成文件管理混乱。会常搞不清哪些文件需要编辑和更新，哪些无用的文件可以删除，哪些是相关联的文件，这会影响工作效率，另外也影响上传速度。服务器一般都会为根目录建立一个文件索引。当将所有文件都存放在根目录下，那么即使你只上传更新一个文件，服务器也需要将所有文件再检索一遍，建立新的索引文件。很明显，文件量越大，等待的时间也将越长。所以，建议是：尽可能减少根目录的文件存放数量。

（2）按栏目内容建立子目录

子目录的建立，首先按主菜单栏目建立。例如，网页教程类站点可以根据技术类别分别建立相应的目录，如 Flash、Dreamweaver、JavaScript 等；企业站点可以按公司简介、产品介绍、价格、在线订单，反馈联系等建立相应目录。而一些相关性强，不需要经常更新的栏目，例如，关于本站、关于站长等可以合并放在一个统一目录下。所有程序一般都存放在特定目录，所有需要下载的内容也最好放在一个目录下。

（3）在每个主目录下建立独立的 images 目录

通常一个站点根目录下都有一个 images 目录。经过实践发现：为每个主栏目建立一个独立的 images 目录是最方便管理的。而根目录下的 images 目录只是用来存放首页和一些次要栏目的图片。

随着网页技术的不断发展，利用数据库或者其他后台程序自动生成网页已越来越普遍，网站的目录结构也必将飞跃到一个新的结构层次。

4. 收集资源

网站的主题内容是文本、图像和多媒体等，它们构成了网站的灵魂，否则再好的结构设计都不能达到网站设计的初衷，也不能吸引浏览者。在对网站进行结构设计之后，需要对每个网页的内容进行大致的构思，如哪些网页需要使用模板，哪些网页需要使用特殊设计的图像，哪些网页需要使用较多的动态效果，如何设计菜单，采用什么样式的链接，网页采用什么颜色和风格等，这些都对资源收集具有指导性作用。

（1）重要的文本：如企业简介文本，不能临时书写，要得体、简明，一般使用企业内部的宣传文字。

（2）重要的图像：如企业的标志、网页的背景图像等，这些图像对于浏览者有很大的视觉影响，不能草率处理。

（3）库文件：对于一些常用和重要的网页对象，需要使用库文件来进行管理和使用，在设计网页之前，可以先编辑库文件备用。

（4）Flash 等多媒体元素：许多网站都越来越多地使用 Flash 等多媒体元素，这些多媒体元素在设计网页之前就需要收集妥当或者制作完成。

5. 网页效果图设计

在确定好网站的风格和收集完资料后就需要设计网页图像了，网页图像的设计包括 Logo、标准色彩、标准字、导航条和首页布局等。可以使用 Photoshop 或 Fireworks 软件来具体设计网站的图像。

有经验的网页设计者，通常会在使用网页制作工具制作网页之前，先设计好网页的整体布局，这样在具体的设计过程中将会胸有成竹，大大节省工作时间。

网页图像设计是网站规划中一个非常重要的环节。网页的设计包括网站的 Logo 设计、网页的布局设计、网页的色彩搭配和网站的字体等。互联网上有很多风格迥异的网站，其表现有的大气、有的婉约、有的精致、有的古典、有的沉稳、有的庄严肃穆、有的高雅严谨、有的雄伟壮丽等。左下图所示为设计的网页效果图。

6. 编辑制作网页

设计完网页图像后，即可按照规划逐步制作网页，这是一个复杂而细致的过程，一定要按照先大后小、先简单后复杂来进行制作。所谓先大后小，是指在制作网页时，先把大的结构设计好，然后逐步完善小的结构设计。而先简单后复杂，是指先设计出简单的内容，然后再设计复杂的内容，以便出现问题时好进行修改。在制作网页时要灵活运用模板，这样可以大大提高制作效率。右下图所示为使用 Dreamweaver 编辑制作网页。

7. 申请域名和服务器空间

域名是企业或事业单位在 Internet 上进行相互联络的网络地址，在网络时代，域名是企业、机构进入 Internet 必不可少的身份证明。

国际域名资源是十分有限的，为了满足更多企业、机构的申请需求，各个国家、地区在域名的最后都加上了国家标记段，由此形成了各个国家、地区的国内域名，如中国是 cn、日本是 jp 等，这样就扩大了域名的数量，满足了用户的需求。

在注册域名前应该在域名查询系统中查询所希望注册的域名是否已经被注册。几乎每一个域名注册服务商在自己的网站上都提供了查询服务。

国内域名顶级管理机构 CNNIC 的网站是 www.cnnic.net，可以通过该网站来查询相关的域名信息。

域名注册的流程与方式比较简单，首先可以通过域名注册商，或者一些公共的域名查询网站查询所希望注册的域名是否已经被注册，如果没有，则需要尽快与一家域名注册服务商取得联系，告诉他们自己希望注册的域名，以及付款的方式。域名属于特殊商品，一旦注册成功是不可退款的，所以在通常情况下，域名注册服务商需要先收款。当域名注册服务商完成域名注册后，域名查询系统并不能立即查询到该域名，因为全球的域名 WHOIS 数据库更新需要 1 ~ 3 天的时间。

网站是建立在网络服务器上的一组电脑文件，它需要占据一定的硬盘空间，就是一个网站所需的网站空间。

一般来说，一个标准中型企业网站的基本网页 HTML 文件和网页图片需要 8MB 左右的空间，加上产品照片和各种介绍性页面，一般在 15MB 左右。除此之外，企业可能还需要存放反馈信息和备用文件的空间，这样，一个标准的企业网站一共需要 30MB ~ 50MB 的网站空间。当然，如果是从事网络相关服务的用户，可能有大量的内容需要存放在网站空间中，这样就需要多申请空间。

8．网站的维护、测试和发布

网站在设计完成后，接下来要进行的是网站的测试和发布操作。在网站规划阶段必须做好网站的测试和发布的方案。很多网页设计的初学者以为网站设计好了就可以进行网站的发布，其实不然。在网站制作完成后，要认真地检测网站存在的错误，在检查完错误后才能进行网站的发布。因为网站发布到互联网后，如被访问者发现有错误，其影响是很不好的，会降低访问者对企业网站及企业的信任度。

保证网站正常运行、改版，内容更新等是网站管理员所做的维护工作。网站测试实际上是模拟用户询问网站的过程，容易发现问题并对此改进设计。发布是让人们知道网站的存在。这个阶段一般包括以下几点。

（1）制定网站改版计划，及时更新网页内容：站点信息不断更新，让浏览者了解企业的发展动态和网上职务等，同时也会帮助企业建立良好的形象。

（2）制定相关网站维护规定：服务器及相关软件、硬件维护，数据库维护。

（3）网站发布前进行细致周密的测试，保证正常浏览和使用：服务器、程序和数据库、网页兼容性和其他。

（4）测试通过后为网站发布进行相关的公关、广告活动。

9．网站的宣传推广

在确定网站的测试和发布方案后，最后还应确定网站的维护和推广方案。无论是个人网站还是企业的公司网站，或是运营性质的网站，都需要进行维护和定期更新。

网站的推广对网站的运营有重大的作用，例如，可以促进企业的网络营销等。常见的网站推广方法为搜索引擎推广、电子邮件推广、网站资源合作推广、信息发布推广、网络广告推广、传统广告推广。下图所示分别为使用百度搜索引擎和电子邮件推广网站。

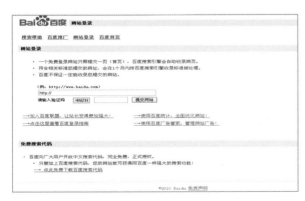

学习小结

本章主要学习了网站建设的规范和基本流程。不同类型的网站设计制作过程也不一样，但是整体的基本流程是一样的，为了让网站开发有效地进行，集体之间的合作不会出现差错，开发人员都必须遵循网站的开发流程。

CHAPTER

3

DESIGNER

网页的色彩搭配

色彩是人类视觉最敏感的东西。如果网页的色彩处理得好，可以达到锦上添花、事半功倍的效果。色彩的魅力是无限的，它可以让平淡无味的东西变得漂亮、美丽。

知识讲解——行业知识链接

随着信息时代的快速到来，网络世界也开始变得多姿多彩，人们不再局限于简单的文字与图片，他们要求网页看上去漂亮、舒服。因此，在设计网页时，必须要高度重视色彩的搭配。

Point 01　网页配色基础

1. RGB

RGB 表示红色绿色蓝色，又称为三原色光，英文为 R（Red）、G（Green）、B（Blue），在电脑中，所谓"多少"RGB 就是指亮度，并使用整数来表示。

在通常情况下，RGB 各有 256 级亮度，用数字表示为从 0、1、2 至 255。虽然数字最高是 255，但 0 也是数值之一，因此一共有 256 级。按照计算，256 级的 RGB 色彩一共能组合出约 1 678 万种色彩，即 256×256×256 ＝ 16 777 216。通常被简称为 1 600 万色或千万色，也称为 24 位色（2 的 24 次方）。对于单独的 R 或 G 或 B 而言，当数值为 0 时，代表这种颜色不发光；如果为 255 时，则该颜色为最高亮度。因此，当 RGB 三种色光都发到最强的亮度，纯白的 RGB 值就为 255，255，255。屏幕上黑的 RGB 值是 0，0，0。R，意味着只有红色存在，且亮度最强，G 和 B 都不发光。因此最红色的数值是 255，0，0。同理，最绿色就是 0，255，0；而最蓝色就是 0，0，255。黄色较为特殊，是由红色加绿色而得就是 255，255，0。左下图与右下图所示为白色、黑色的 RGB 值。

纯白色数值为 R:255,G:255,B:255　　　　纯黑色数值为 R:0,G:0,B:0

左下图与右下图所示为红色、黄色的 RGB 值。

红色数值为 R:255,G:0,B:0　　　　黄色数值为 R:255,G:240,B:0

左下图与右下图所示为蓝色、绿色的 RGB 值。

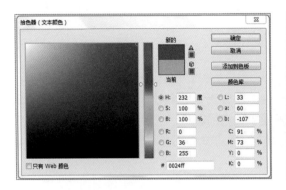 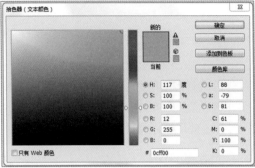

蓝色数值为 R:0,G:36,B:255　　　　绿色数值为 R:12,G:255,B:0

RGB 模式是显示器的物理色彩模式。这就意味着无论在软件中使用何种色彩模式，只要是在显示器上显示的，图像最终还是会以 RGB 方式出现。

2. HSB

HSB 是指颜色分为色相、饱和度、明度三个因素。英文为 H（Hue）、S（Saturation）B（Brightness），饱和度高色彩较为艳丽，饱和度低色彩则接近灰色。亮度高色彩明亮，亮度低色彩暗淡，亮度最高得到纯白，亮度最低得到纯黑。一般浅色的饱和度较低，则亮度较高，而深色的饱和度较高而亮度较低。

3. 色环

色环是指色彩按红、黄、绿、蓝、红依次过度渐变呈现出来的不同颜色，可以得到一个色彩环。色环通常包括 12 种不同的颜色，如左下图所示。

4. 原色

原色也称"三原色"。即红、黄、蓝三种基本颜色。自然界中的色彩种类繁多，变化丰富，但这三种颜色却是最基本的原色，原色是其他颜色调配不出来的。除白色外，把三原色相互混合，可以调和出其他种颜色，如右下图所示。根据三原色的特性做出相应色彩搭配，能具有最迅速、最有力、最强烈的传达视觉信息效果。

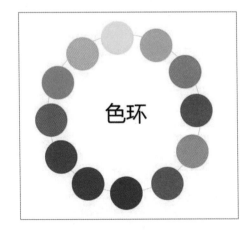 

Point 02 网页的色彩对比

在一定条件下，不同色彩之间的对比会有不同的效果。在不同的环境下，多种色彩给人一种印象，单一色彩则给人另一种印象。

各种纯色的对比会产生鲜明的色彩效果，很容易给人带来视觉与心理上的满足。红、黄、蓝三种颜色是最极端的色彩，它们之间对比，哪一种颜色也无法影响对方。色彩对比范畴不局限于红、黄、蓝三种颜色。而是指在各种色彩的界面中构成的形状、位置及色相、明度、纯度之间的差别，使网页色彩配合增添了许多变化、页面变得更加丰富多彩。

1. 明度对比

每一种颜色都有自己的明度特征，因明度之间的差别形成的对比即为明度对比，如左下图所示。明度对比在视觉上对色彩层次和空间关系影响较大。如柠檬黄的明度高，蓝紫色的明度低，橙色和绿色属于中明度，红色与蓝色属于中低明度。

明度对比较强时光感强，形象的清晰程度高、锐利，不容易出现误差。右下图所示为明度对比强的网页。明度对比弱时，则显得柔和静寂、柔软含混、单薄、晦暗、形象不易看清。

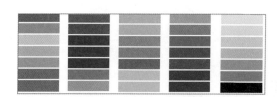
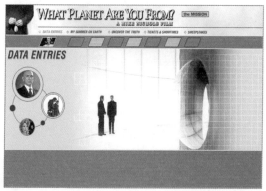

对色彩应用来说，明度对比的正确与否，是决定配色的光感、明快感、清晰感及心理作用的关键。因此在配色中，既要重视无彩色的明度对比研究，更要重视有彩色之间的明度对比研究，注意检查色彩的明度对比及其效果。

2. 色相对比

色相对比是指因色相之间的差别形成的对比。当主色相确定后，必须考虑其他色彩与主色相是什么关系，要表现什么内容及效果等，这样才能增强其表现力。

色相的差别虽是因可见光度的长短差别所形成，但不能完全根据波长的差别来确定色相的差别和对比程度。因此在度量色相差时，不能只依靠测光器和可见光谱，而应借助色相环，色相环简称为色环，色相对比的强弱，决定于色相在色环上的距离。

（1）原色对比

原色对比是指红、黄、蓝三原色之间的对比。红、黄、蓝三原色是色环上最极端的3种颜色，表现了最强烈的色相气质，它们之间的对比属于最强烈的色相对比，令人感受到一种极为强烈的色彩冲突，似乎更具精神的特征。左下图所示为红、黄、蓝三原色之间的对比。

（2）补色对比

在色环中色相距离在 180 度的对比为补色对比，即位于色环直径两端的颜色为补色。一对补色在一起，可以使对方的色彩更加鲜明，如橙色与蓝色、红色与绿色等。

右下图所示网页下部由冷色系的绿色组成大的背景，纯度较低，网页顶部主要是大红色组成的图片，形成补色对比效果，使得红色更为凸显。补色对比的对立性促使对立双方的色相更加鲜明。

（3）间色对比

在网页色彩搭配中间色对比的有很多，如下图所示的绿色与橙色，这样的对比都是活泼鲜明具有天然美的配色。间色是由三原色中的两原色调配而成，因此，在视觉刺激的强度上相对三原色来说缓和不少，属于较易搭配之色。但仍有很强的视觉冲击力，容易带来轻松、明快、愉悦的气氛。

（4）邻近色对比

在色环上色相距离在 15 度以上，60 度以内的对比，称为邻近色对比。虽然它们在色相上有很大的差别，但却在视觉上比较接近，属于弱的色相对比，如左下图所示都是邻近色。邻近色对比最大的特征是其明显的统一协调性，在统一中不失对比的变化，如右下图所示。

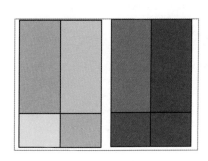 

3. 纯度对比

纯度对比是指较鲜艳的颜色与含有各种比例的黑、白、灰色彩对比，即模糊的浊色对比。色彩纯度可大致分为高纯度、中纯度、低纯度三种。未经调和的原色纯度是最高的，而间色多属于中纯度的色彩范围，复色其本身纯度偏低，而属于低纯度的色彩范围。

左下图所示为鲜艳的绿色与含灰的绿色对比，就能比较出它们在鲜浊上的差异。

纯度对比可以体现在同一色相不同纯度的对比中，也可以体现在不同的色相对比中。右下图所示的网页就采用了蓝色色彩的纯度对比。

 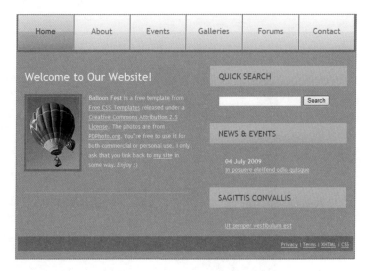

4. 色彩的冷暖对比

用冷热差别而形成的色彩对比称为冷暖对比。冷暖本来是人体皮肤对外界温度高低的触觉。太阳、炉火、烧红的铁块，它们本身的温度很高，射出的红橙色有导热的功能，将使周围的空气、水和别的物体温度升高，人的皮肤被它们射出的光照所及，也能感觉到温暖。大海、雪地等环境，是蓝色光照最多的地方，蓝色光会导热，而大海、雪地有吸热的功能，因此这些地方的温度都比较低，人们在这些地方会感觉冷。这些生活印象的积累，使人的视觉、触觉及心理活动之间具有一种特殊的，常常是下意识的联系。

　　冷色与暖色是依据人的心理错觉对色彩的物理性分类，是人对颜色的物质性印象，大致由冷、暖两个色系产生。红色光、橙色光、黄色光本身具有暖和感，在照射任何物体时都会产生暖和感。相反，紫色光、蓝色光、绿色光有寒冷的感觉。左下图所示斜线左下方的是冷色系，斜线右上方的是暖色系。右下图所示为网页冷暖色的对比。

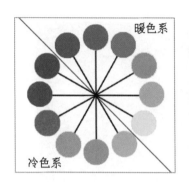

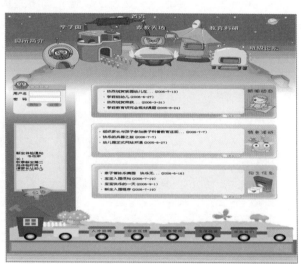

Point 03　常见的网页配色方案

1. 黄色网页例图

黄色网页例图如下图所示。

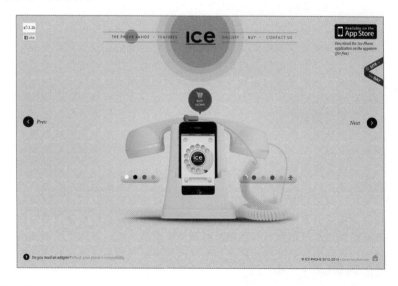

　　颜色值：#fff407　（R:255 G:244 B:7　H:57　S:97%　B:100%）

黄色分析：

选取了主色调黄色为示例。我们看到 RGB 数值中的 R 呈现最高值为 255，HSB 数值中的 B 也呈现最高值为 100%，页面呈现最高纯度亮度——纯黄色。因此，黄色在三原色中也是亮度最高的颜色。

结论：

HSB 中的 SB 呈现的数值越高，饱和度、明度就越高，页面色彩强烈艳丽，由于黄色是亮度最高的颜色这一特性，也给人视觉产生了强烈刺激的状态，对视觉刺激是迅速、警戒、醒目的效果，但不易于长时间观看。

2. 红色网页例图

红色网页例图如下图所示。

颜色值：#bf0102 （R:199 G:1 B:2　H:0 S:99% B:75%）

红色分析：

我们看到 RGB 中 R 的数值为 199，混合了 G:1、B:2，因此红色的纯度轻微降低，颜色稍偏深红。HSB 数值中 S 显示的饱和度为 99%，B 为 75%，因此颜色还是较为饱和明亮。

结论：

主色 R 数值较高时，由于混合了 G:1、B:2 的少许颜色，饱和度明度稍微降低，视觉刺激减弱，红色特性显得较为沉稳。但由于红色是最温暖且最具有视觉冲击力的颜色特性，使该网页整体看来仍然厚重而热烈地表达了主题。

3. 蓝色网页例图

蓝色网页例图如下图所示。

颜色值：#343fd2　（R:52 G:63 B:210　H:236 S:75% B:82%）

蓝色分析：

　　RGB 数值中 B 蓝色的数值是 210 与 R:52、G:63 相混合，从而使蓝色的纯度降低。结合 HSB 中数值 H 色相目前显示的为 236，加上 B 为 82% 的明度，颜色偏暗，因此视觉冲击力较弱，页面显得沉稳、凝重。

　　结论：

　　当蓝色色相偏离于三原色的纯蓝色时，视觉冲击力削弱。页面呈沉稳、平静的感受。蓝色在三原色里是视觉传递速度最慢的颜色特性，适合用于表达成熟、稳重、安静的网页设计主题。蓝色在网页设计里也是使用得较为频繁的颜色。

4．间色网页例图

　　间色又称"二次色"。它是由三原色调配出来的颜色，是由两种原色调配出来的。红色与黄色调配出橙色；黄色与蓝色调配出绿色；红色与蓝色调配出紫色，橙、绿、紫三种颜色又称为"三间色"。在调配时，由于原色在分量上有所不同，所以能产生丰富的间色变化，如左下图所示。间色网页例图如右下图所示。

颜色值：#700157 （R:112 G:1 B:87　H:314 S:99% B:44%）

颜色值：#00a020 （R:0 G:160 B:32　H:132 S:100% B:63%）

颜色值：#eddd40 （R:237 G:221 B:65　H:54 S:73% B:93%）

颜色值：#f58016 （R:245 G:128 B:23　H:28 S:91% B:96%）

间色分析：

间色网页例图的 4 种间色搭配在一起显得非常明快、鲜亮。

从 RGB 数值显示上看，绿色含量较高达 160，混合了 R:237 的黄色光，因此颜色偏黄绿色，由于添加了 B:32，饱和度相对降低。玫瑰色中 R 的含量最高，与 B:87 混合为主要组成色，添加了少量的 G:221 黄，纯度偏高。橙色中 R 的含量很高为 245，混合了 G:128 黄为主要组成色，添加了第三色 B:23，饱和度稍降低。紫色是由蓝色和红色调配而成，B 为 87，R 为 112，混色分量相当也就成为了组合紫色这一间色的主要成分，但由于添加了 G:1，所以也是 4 组颜色中的间色混合第三色数值最高的，HSB 中 S 数值相对其他三色，降低很多，因此颜色相对于其他 3 种较为沉稳、缓和。

以上 4 组颜色 RGB 数值的共同点是以两色混合为主，都是三位数值，另外一色分量较少，为两位数值，因此饱和度较高，色相倾向明显。HSB 数值的共同点是，除了紫色，其他三色的 S 饱和度相当，属较高数值，因此视觉刺激也较为强烈。

结论：

间色是由三原色中的两原色调配而成的，因此，在视觉刺激的强度上相对三原色来说缓和不少，属于较易搭配之色。

间色尽管是二次色，但仍有很强的视觉冲击力，容易带来轻松、明快、愉悦的气氛。

5. 复色网页例图

复色也称为"复合色"。复色是由原色与间色相调或间色与间色相调而成的"三次色"，复色的纯度最低，含灰色成分。复色包括了除原色和间色以外的所有颜色，如左下图所示。复色网页例图如右下图所示。

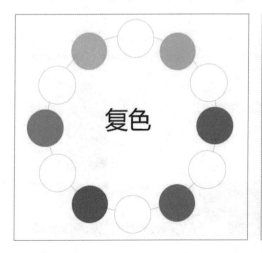

颜色值：#3e9a98 （R:62 G:154 B:152　H:179 S:60% B:60%）

颜色值：#828040　（R:130 G:128 B:64　H:58 S:51% B:51%）

颜色值：#ae733d　（R:174 G:115 B:61　H:29 S:65% B:68%）

颜色值：#eae1c2　（R:234 G:225 B:194　H:47 S:17% B:92%）

复色分析：

以上 4 种颜色中深绿色和赭石色为复色，之所以还选择其他两种颜色，为的是更好地配合说明复色的特性，如果没有另外两种非复色搭配，页面配色就可能出现脏、乱等不舒服的感觉。

我们看到深绿色及赭石色这两种复色的数值都以一个分量最多的为三位数，另外两者成分相当，都为两位数组合而得。RGB 之间的数值差距较接近、不明显，色阶较趋于直线平稳，呈灰阶。HSB 中 SB 显示的数值也非常接近，成为符合复色特性的必须条件。

结论：

复色是由两种间色或原色与间色混合而成的，因此色相倾向较微妙、不明显，视觉刺激度缓和，如果搭配不当，页面便呈现易脏或易灰蒙蒙的效果，给人带来沉闷、压抑之感，属于不好搭配之色。但有时复色加深色搭配能很好地表达神秘感、纵深感、空间感；明度高的多复色多用来表示宁静柔和、细腻的情感，易于长时间的浏览。

6. 补色网页例图

补色是广义上的对比色。在色环上画直径，正好相对（距离最远）的两种色彩互为补色。例如：红色是绿色的补色；橙色是蓝色的补色；黄色是紫色的补色，如左下图所示。补色的运用可以造成最强烈的对比，补色系网页例图如右下图所示。

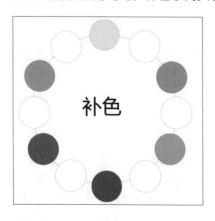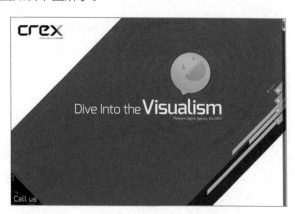

颜色值：#8125ac　（R:129 G:37 B:172　H:281 S:78% B:67%）

颜色值：#fed306　（R:254 G:211 B:6　H:50 S:98% B:99%）

补色分析：

补色系网页例图选用了一组紫黄对比色，极具视觉冲击力，所表现出的性格异常鲜明。我们看到 RGB 中绿色的数值显示情况符合复色的条件，因此注定了该颜色明度稍暗、纯度较低的特性，而黄色 R 数值为 254 构成了该色的主要成分，其他的 G:211，B:6 数值接近，纯度和亮度相对紫色较高，因此两色拉大了在构成色彩空间上的差距。HSB 中两色的 S 数值也显示出，它们的饱和度相差较大。

结论：

补色最能传达强烈、个性的情感。纯度稍低的绿色为背景的大面积使用，对比并突出了前景纯度、明度较高的面积和较小红色的图形，形成了视觉中心重点突出，达到了主次分明的主题效果。

在红绿、橙蓝、黄紫三组补色中，前两种使用得最为频繁。这三组补色搭配出的最终效果和目的，可以用两个字来概括——强烈！

7. 邻近色网页例图

邻近色是指在色环上任一颜色同其毗邻之色。邻近色也是类似色关系，只是范围缩小了一点。例如，红色和黄色，绿色和蓝色，互为邻近色，如左下图所示。邻近色网页例图如右下图所示。

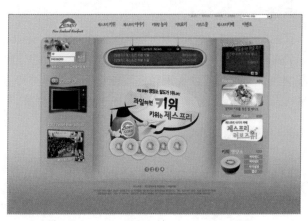

■ 颜色值：#305e1e　（R:48　G:94　B:30　H:103　S:68%　B:37%）

■ 颜色值：#505b0f　（R:80　G:91　B:15　H:69　S:84%　B:36%）

■ 颜色值：#b2db1f　（R:178　G:219　B:31　H:73　S:86%　B:86%）

■ 颜色值：#fed447　（R:254　G:212　B:71　H:46　S:72%　B:99%）

邻近色分析：

右上图选用了绿色、黄色为邻近色示例，主要在色相上做区别丰富了页面色彩上的变化。

从 RGB 数值上来看，以上 5 色 R 的数值都很高，仅有微妙的不同。其中浅黄色的 B 为 71，因此在 HSB 数值中纯度 S 显示最低，为 72%；5 色 RGB 中 G 的数值都不同，色相、明度也产生相应的不同。从数值上分析的整体来看，5 色都有在同一频率的变化。

结论：

由于是相邻色系，视觉反差不大，统一、调和，形成协调的视觉韵律美，相较显得安定、稳重的同时又不失活力，是一种恰到好处的配色类型。

8. 同类色网页例图

同类色主要是指在同一色相中不同的颜色变化。例如，红颜色中有紫红、深红、玫瑰红、大红、朱红、橘红等种类，黄颜色中又有深黄、土黄、中黄、橘黄、淡黄、柠檬黄等区别。它起到色彩调和、统一，又有微妙变化的作用，左下图所示。同类色网页例图如右下图所示。

颜色值：#f0231c　（R:240 G:35 B:28　H:2 S:88% B:94%）

颜色值：#e90f53　（R:233 G:15 B:83　H:341 S:94% B:91%）

颜色值：#fee0e2　（R:254 G:224 B:226　H:356 S:12% B:99%）

同类色分析：

同类色网页例图用红色系 3 同类色，主要在明度上做区别变化。由于是红色系，3 色 RGB数值中 R 的数值都很高，且相当。从 HSB 数值中可以看出，明度越高的颜色饱和度就越低。从这 3 种同类色相来看，明度在强中弱的节奏中进行缓和的变化。

结论：

第一眼看上去给人温柔、雅致、安宁的心理感受，便可知该组同类色系非常调和、统一。只运用同类色系配色，是十分谨慎和稳妥的做法，但有时会有单调感。添加少许的相邻或对比色系，可以体现出页面的活跃感和强度。

9. 暖色网页例图

暖色是指红、橙、黄这类颜色。暖色系的饱和度越高，其温暖特性就越明显。可以刺激人的兴奋性，使体温有所升高，如左下图所示。暖色网页例图如右下图所示。

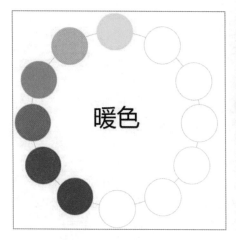

颜色值：#bf0102　（R:199 G:1 B:2　H:0 S:99% B:75%）

颜色值：#f0231c （R:240 G:35 B:28 H:2 S:88% B:94%）

颜色值：#fed306 （R:254 G:211 B:6 H:50 S:98% B:99%）

暖色分析：

由于是暖色系，以上3种颜色RGB数值中R的含量为主导，B都为0，暖度强度的倾向在G的添加黄色成分变化中可以看到，有较为规律的数值变化和视觉节奏感。HSB中纯度S和明度B都达到最高值，是鲜艳夺目的搭配色组合。

结论：

高明度、高纯度的色彩搭配，把页面表达得鲜艳炫目，有非常强烈刺激的视觉表现力。充分体现了暖色系的饱和度越高，其温暖特性就越明显的特性。

10. 冷色网页例图

冷色是指绿、青、蓝、紫等颜色，冷色系亮度越高，其特性就越明显。能够使人的心情平静、清爽，冷色网页例图如下图所示。

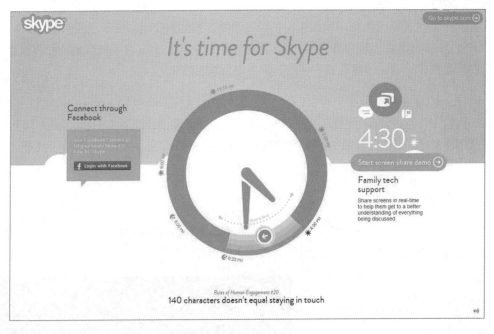

颜色值：#00aeef （R:0 G:174 B:239 H:196 S:100% B:94%）

颜色值：#83d7f5 （R:131 G:215 B:245 H:196 S:47% B:96%）

颜色值：#87c80b （R:135 G:200 B:11 H:81 S:95% B:78%）

冷色分析：

该网页示例主要选用了邻近色系蓝色、绿色和同类色的明度变化。其中3种蓝色系的RGB数值从两位数到三位数，随着明度递增的同时，由低到高进行有规律、有节奏的变化。HSB的数值SB也相对随着同比变化，纯度S的含量都不大，因此这几组色彩相对含蓄、柔和。

绿色系RGB数值G的色相明显，相应添加了高亮度的黄色R，使色彩较鲜艳明快。HSB数值SB也显示出其高纯度、高亮度的特性。

结论：

冷色系的亮度越高，其特性就越明显。单纯冷色系搭配视觉感比暖色系舒适，不易造成视觉疲劳。蓝色、绿色是冷色系的主要色系，是在设计中较为常用的颜色，也是大自然之色，可以给人带来一种清新、祥和、安宁的感觉。

大师点拨 →　色彩运用

三原色视觉冲击力最强，也最刺目，容易制造冲突、烦躁、不舒适的心情，所以是较难掌握的配色，若要大面积、大范围的使用需慎重。间色是由三原色中的两色调配而成，间于原色和复色之间，属于中性色，视觉冲击力次之，颜色的刺激缓和不少，给人舒适、愉悦的心情，是较容易掌握的配色，也是在设计中使用得比较多的颜色。复色是由两种间色或原色与间色相混合而产生的颜色，呈灰色阶，视觉冲击力更弱，柔和却使人沉闷压抑。复色调配好了，能体现出高层次、高素养的成熟特性魅力，也称为高级灰，是很耐看的颜色。

由上可知，颜色相互混合的越多，其饱和度越低，视觉冲击力就越弱。

色彩运用到一定程度后，应该逐渐认识到在一个环境、区域范围里，色彩的属性、性能特性是相对的。例如，黄色在蓝色、绿色这两个区域环境下，黄色可以说在这时是呈暖色，而出现在橘红、朱红、深红这几个区域环境下，黄色可以说在这时是呈冷色。同样的，蓝色相对绿色是冷色，紫色相对蓝色是暖色等。可根据网页设计主题的目的要求，环境协调度的需要等做相应的搭配调整。

RGB三者的数值越接近，色阶较趋于直线平稳，呈灰阶，网页对视觉的刺激性越缓慢、柔和；RGB三者的数值相互差距越大，色阶曲线波动就越大，网页对视觉的刺激性越迅速、强烈。HSB数值中SB相应数值越高，视觉刺激度越强烈。抓住以上这些规律及色彩特性，在以后的网页设计配色中，根据不同的需要配置不同的颜色，以达到某些不同的目的和效果。

通过RGB数值和HSB数值的计算，能更科学理性地分析和判断，为的是更准确地研究分析网页设计配色的协调性、合理性和掌握其规律性。

Point 04　网站的色彩选择与搭配

当在网上浏览时，面对令人眼花缭乱的各种各样网页。有的令人感觉愉悦，可以让我们停留很久；而有的则让人感觉很烦躁，不能吸引我们的眼球。网站是否具有吸引力，在很大程度上取决于网站的配色。

1．选择色彩

如果是公司网站，最好沿用公司的标准色，然后在标准色的基础上再进行变化。例如 IBM 公司的深蓝色，肯德基的红色，他们的网站都是以这些标准色为主色调。

一般来说，一个网站的标准色彩不能超过 3 种。标准色彩要用于网站的标志、标题、主菜单和主色块，要给人以整体统一的感觉。中间也可以采用一些其他颜色，但只是作为点缀和衬托，绝不能喧宾夺主。适合作为网页标准的颜色有蓝色、黑 / 灰 / 白色、黄 / 橙色，三大系列色。

在面对色彩的时候，多少都会有一些视觉上的冲击，不同的色相和色调会产生不同的效果。例如，红色和黄色让人感觉温暖，深蓝色、深绿色让人感觉寒冷。高明度的色彩有前进感，低明度的色彩有后退感。深色的物体让人感觉沉甸甸，浅色的物体让人感觉轻飘飘。若不注重色彩的心理效果，即使是很漂亮的颜色但用在不恰当的场合也会给人造成不舒适的心理感觉。

色彩与人的心里感觉和情绪具有密切的关系，下面做详细介绍。

- 红色：代表热情、活泼、热闹、温暖、吉祥、幸福。

- 橙色：代表光明、华丽、甜蜜、兴奋、快乐。

- 黄色：代表高贵、明朗、富有、愉快、希望。

- 绿色：代表植物、生命、生机、和平、柔和、安逸、新鲜、青春。

- 蓝色：代表天空、清爽、沉静、理智、诚实、深远。

- 紫色：代表浪漫、优雅、魅力、自傲。

- 黑色：代表严肃、夜晚、沉稳、刚健、坚实、崇高。

- 白色：代表纯洁、简单、纯真、朴素、神圣、明快。

- 灰色：代表消极、阴暗、谦虚、平凡、沉默、中庸、寂寞。

网站使用的颜色能体现一名网页设计师的理念，而且标准色可以加强企业形象识别的效果，颜色标准化是强化网站形象最有效、最直接的方法。如麦当劳网站使用红色作为网站标准色，象征热情、活泼、热闹，如左下图所示。

韩国某食品网站使用黄色作为网站标准色，给人一种明朗、富有、愉快、希望的感觉，也象征着该食品给人乐观、积极向上的感觉，如右下图所示。

Microsoft 网站的设计风格非常轻快，使用蓝色作为标准色，让浏览者似乎感受到了蔚蓝的天空与大海，而且网站内容丰富、布局合理，如左下图所示。

雪铁龙汽车公司网站使用黑色作为网站标准色，象征该公司严肃、沉着、刚健、坚实的工作作风，如右下图所示。

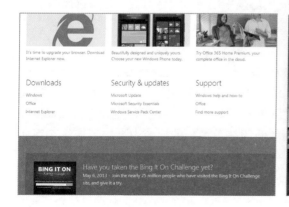 

安娜苏化妆品公司的主要产品是年轻人非常喜欢的化妆品，公司网站使用紫色作为标准色，象征浪漫、优雅与魅力，如下图所示。

2. 搭配色彩

对于网站配色来说，除了主色调之外，颜色的搭配也很重要，主色搭配不同的辅助色会有不同的效果。

（1）红色

红色的个性刚烈、端庄。在人类的发展历史中，红色始终代表着一种特殊的力量和权势。同时危险、战争、狂热等极端的性格也可以与红色联系在一起。

- 在红色中加入少量的黄色，会使其热力强盛，更加躁动、不安。
- 在红色中加入少量的蓝色，会使其热性减弱，变得文弱、柔弱。
- 在红色中加入少量的黑色，会使其变得沉稳，更加厚重、朴实。
- 在红色中加入少量的白色，会使其变得温柔，更加含蓄、羞涩、娇嫩。

（2）黄色

黄色的性格高傲、敏感，具有扩张和不安宁的视觉印象。黄色是各种色彩中最为娇气的一种颜色。只要在纯黄色中加入少量的其他颜色，其色相感和颜色性格都会发生较大的变化。

- 在黄色中加入少量的蓝色，会使其转化为一种鲜嫩的绿色，趋于一种平和、鲜润的感觉。
- 在黄色中加入少量的红色，会使其具有明显的橙色感觉，性格也会从高傲、敏感转化为热情、温暖。
- 在黄色中加入少量的黑色，其色性和色感变化最大，成为一种具有明显橄榄绿的复色印象，色性也变得成熟、随和。

- 在黄色中加入少量的白色，其色感变得柔和，性格也会从高傲、敏感变为含蓄，易于接近。

（3）蓝色

蓝色的性格朴实而内向，是一种有助于人们头脑冷静的颜色，常为那些性格活跃、扩张力强的色彩提供一个深远、平静的空间。蓝色还是一种在淡化后仍然能保持较强个性的颜色。如果在蓝色中分别加入少量的红、黄、黑、橙、白等颜色，均不会对蓝色的性格产生较大的影响。

- 在蓝色中加入橙色，并且在橙色中以黄色的成分较多时，其性格趋于甜美、亮丽、芳香。
- 在蓝色中加入黄色，并且在黄色中混有少量的白色时，可使蓝色的性格趋于焦躁、无力。

（4）绿色

绿色是具有黄色和蓝色两种成分的颜色。在绿色中，将黄色的扩张感和蓝色的收缩感相结合，将黄色的温暖感与蓝色的寒冷感相抵消。这样使绿色的性格最为平和、安稳，是一种柔顺、优美、恬静的颜色。

- 在绿色中加入黄色的成分较多时，其性格趋于活泼、友善，具有幼稚性。
- 在绿色中加入少量的白色，其性格趋于洁净、清爽、鲜嫩。
- 在绿色中加入少量的黑色，其性格趋于老练、庄重。

（5）紫色

紫色的明度在色料中是最低的，紫色的低明度给人一种沉闷、神秘的感觉。

- 在紫色中加入少量的黑色，其感觉趋于沉闷、伤感。
- 在紫色中加入红色的成分较多时，就具有压抑感、威胁感。
- 在紫色中加入白色，可使紫色沉闷感消失，变得优雅、娇气、充满女性的魅力。

（6）白色

白色的色感光明，性格朴实、纯洁，具有圣洁的不容侵犯性。

- 在白色中加入少量的红色，就成为淡淡的粉色，鲜嫩而充满诱惑。
- 在白色中加入少量的橙色，有一种干燥的感觉。
- 在白色中加入少量的黄色，就成为一种乳黄色。
- 在白色中加入少量的绿色，给人一种稚嫩、柔和的感觉。
- 在白色中加入少量的蓝色，给人一种洁净、清冷的感觉。
- 在白色中加入少量的紫色，会给人优雅的感觉。

下面来欣赏几个色彩搭配得比较漂亮的网站。

SHARP 电子产品公司网站使用白色作为网站背景颜色，主色调为红色，突出颜色为黑色。使用灰色作为辅助色起到了分离颜色的作用，在鲜明的红色与黑色之间进行过渡，使整个页面看起来井井有条，如左下图所示。

奔腾电器网站的色彩搭配很好地表现出沉稳与厚重，而这种感觉就是通过红色与黑色的搭配而得到的，如右下图所示。

迪士尼网站使用了蓝色作为主颜色，辅助色则使用了粉色，营造出明朗鲜活、轻松愉快的氛围，如左下图所示。

benefit 网站由不同色调的紫色构成，营造出非常浓郁的女性化气息，而且在白色背景与黑色辅助色的衬托下，紫色显示出了更大的魅力，如右下图所示。

Dior 网站使用黑色与白色搭配表现出现代感，具有很强的视觉感染力，同时不同色调的金色为页面添加了一些活泼、轻快的效果，如下图所示。

学习小结

　　色彩是人们视觉最敏感的东西。主页的色彩处理得好，可以锦上添花，达到事半功倍的效果。色彩总的应用原则应该是"总体协调，局部对比"，也就是：主页的整体色彩效果应该是和谐的，只有局部、小范围的地方可以有一些强烈的色彩对比。在色彩的运用上，可以根据主页内容的需要，分别采用不同的主色调。

CHAPTER 4

DESIGNER

网页文字特效设计

　　文字的主要功能是在视觉传达中向大众传达作者的意图和公众信息，要实现这一目的，就需要考虑文字的整体诉求效果。本章通过多个实例，讲述了网页文字特效设计的方法。

知识讲解——行业知识链接

在网页设计中，字体的处理与色彩、版式、图形等其他设计元素的处理都非常关键。从艺术的角度可以将字体本身看成是一种艺术形式，它在个性和情感方面对人们有着很大的影响。

Point 01 网页文字的形式概述

1. 标志

文字型标志是以含有象征意义的文字造型作为基点，对其变形或抽象地改造，使之图案化。使用文字作为网站标志，可以使用中文或外文及数字组合来表现，意义简单明确，如左下图所示。

2. 标题

除了文章的标题采用文字形式外，一些信息的栏目、网络广告的标题等也是通过文字形式来体现的。标题不一定是一个完整的句子，可以使用短语或口号。文字标题要尽量简单明了、引人注目，只有这样才能受到浏览者的青睐。标题应安排在醒目的位置，使用较大的字体，在版面中作点或线的编排。为了保证标题的显示效果，大部分的设计者都会将其设置为图形格式，如右下图所示。

3. 超链接

文字链接是网页中最常见的超链接形式，能直观地呈现链接的相关主题信息，使浏览者对所包含的信息一目了然。文字链接可方便浏览者对信息的检索。文字链接可应用于网页中导航栏链接、侧焦点链接栏的链接、部分分类信息主题链接及文章中关键词的链接等，如左下图所示。

4. 文字信息

文字信息是网页内容的具体表现，是传达信息的主体部分。其主体作用是动画、图形和影音等其他任何元素所不能取代的。文字信息是标题的详细内容，浏览者在阅读完标题之后，还要在文字信息中得到进一步地解答。在进行网页设计时，文字信息虽然简单，但内容一定要适合标题。同时对文字的字体、字形、大小、颜色和编排要进行精心的设置，以达到更好的浏览效果，如右下图所示。

Point 02　字体的使用

字体的最大特点就是每种字体会给人带来不同的情感和风格属性。字体具有两个方面的作用：一是实现字意与语义的功能；二是美学效应。从加强平台无关性的角度来考虑，正文内容最好采用默认字体。因为浏览器是用本地机器上的字库来显示页面内容。在网页设计中准确选择字体，是每位网页设计师首先要考虑的问题。

1. 中文字体

（1）规范字体

宋体字形结构方中有圆，刚柔相济，既典雅庄重，又不失韵味灵气，从视觉的角度来说，宋体阅读最省目力，不易造成视觉疲劳，具有很好的易读性和识别性。标题使用宋体给人稳健、传统的印象，宋体由书法体发展而来，最便于阅读。

楷体字形柔和悦目，间架结构舒张有度，可读性和识别性均较好，适用于较长的文本段落，也可用于标题。

仿宋体笔画粗细均匀，秀丽挺拔，有轻快、易读的特点，适用于文本段落。因其字形娟秀，力度感差，故不宜用作标题。

黑体的横竖线条粗细相同，结构非常合理。黑体不仅庄重醒目，而且极富现代感，因其形体粗壮，在较小字体级数时宜采用等线体（细黑），否则不易识别。标题使用黑体给人以合理、理智的印象。

圆体视觉冲击力不如黑体，但在视觉心理上给人以明亮清新、轻松愉快的感觉，但其识别性弱，故只适宜作标题性文字。

（2）手写体（书法体）

手写体分为两种，一种来源于传统书法，如隶书体，行书体；另一种是以现代风格创造的自由手写体，如广告体，POP 体。手写体只适用于标题和广告性文字，长篇文本段落和小字体级数时不宜使用，应尽量避免在同一页面中使用两种不同的手写体，因为手写体形态特征鲜明显著，很难形成统一风格，不同手写体易造成界面杂乱的视觉形象，手写体与黑体、宋体等规范的字体相配合，则会产生动静相宜，相得益彰的效果。

（3）美术体（装饰字体）

美术体是在宋体、黑体等规范字体的基础上变化而成的各种字体，如综艺体、琥珀体。美术体具有鲜明的风格特征，不适用于文本段落，也不宜混杂使用，多用于字体级数较大的标题，发挥引人注目、活跃界面气氛的作用。国内电脑字体根据字库文件不同稍有区别，如常用的方正字库、文鼎字库、华康字库等。

2. 拉丁字母

（1）饰线体

此类字体在笔画末端带有装饰性部分，笔画精细对比明显，与中文的宋体具有近似形态特征，饰线体在阅读时具有较好的易读性，适于用作长篇幅文本段落。代表字体是新罗马体（Times New Roman）。

（2）无饰线体

笔画的粗细对比不明显，笔画末端没有装饰性部分，字体形态与中文的黑体相类似。由于其笔画粗细均匀，故在远距离也易于辨认，具有很好的识别性，多用于标题和指示性文字。无饰线体具有简洁规整的形态特征，符合现代的审美标准。代表字体是赫尔维梯卡体（Helvetica）。

（3）装饰体

即通常所说的"花"体，由于此类字体偏重于形式的装饰意味，在阅读时较为费力，易读性也较差，所以只适用于标题或较短的文本，类似中文的美术体和手写体。代表字体是草体（Script）。

Point 03　文字的大小

1. 文字的大小决定形象

标题的大小控制了画面的形象。放大标题会给人有力量、活跃、自信的印象；缩小则表现出纤细和缜密的印象。另外，文字大小的对比也会影响印象。标题文字的大小与正文之比称为跳动率。跳动率越大，画面就越活跃；反之，画面则越稳重。

字号大小可以用不同的方式来计算，例如，磅（point）或像素（pixel）。因为网页文字是通过显示器来显示，所以建议采用像素为单位。较大的字体可用于标题或其他需要强调的地方，小一些的字体可以用于页脚和辅助信息。需要注意的是，小字号容易产生整体感和精致感，但可读性较差。

2. 粗细印象优先

将标题的文字变大，粗细效果会加倍。例如，大而粗的文字最有精神，大而细的文字都市性印象最强。另外，将文字变小，粗细效果会减弱。虽然细而小的文字有优美的感觉，但如果使用细而大的文字，效果会更加明显。总之，文字越大，就越能强化粗细的印象。

Point 04　字体的粗细

网页设计者可以用字体来更充分地体现在设计中要表达的情感。选择字体是一种感性、直观的行为。粗体字强壮有力，有男性特点，适合机械、建筑业等内容；细体字高雅细致，有女性特点，更适合服装、化妆品、食品等行业的内容。在同一页面中，若字体种类少，则体现界面雅致，有稳定感；若字体种类多，则体现界面活跃，丰富多彩。关键是如何根据页面内容来掌握比例关系。

1．字体粗细特征

字体细显优美，粗则显有力。将标题文字变细，就会显得十分优美。无论是宋体还是黑体，哪一种字体变细都会产生优美的意味。将文字变粗，效果增强，粗字则传递了强而有力的印象，如下图所示。

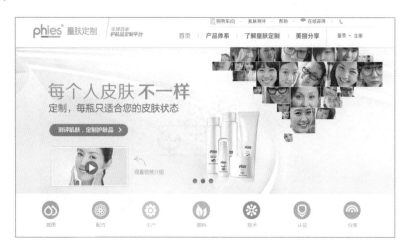

2．细字不适合做新闻标题

字体网页新闻的大标题要用粗字来表示，如果用细字，看起来像是无聊、没有什么价值的新闻。粗字热情而细字冷静，因此，热门的新闻与细字不相称。粗字给人有精神、有力量的印象，最适合于强调戏剧性信息与富有活力感的网页。

3．正文不要应用粗细变化

粗细效果对于正文中的小字是一样的。但如果极端地运用粗细变化，就会造成可读性的降低。调整字体粗细要把握好度。特别应注意的是，主页的设计未必能够与制作者所指定的设计完全相同，考虑到这个差距的存在性，还是使用标准式样比较稳妥。

Point 05 字距与行距

字距与行距的处理能直接体现设计作品的风格与品位，也能够影响读者的视觉和心理感受。现代网页设计较流行的是把标题文字字距拉开或变窄的排列方式，来体现轻松、舒展、娱乐或抒情的版面，也常通过压扁文字或加宽行距来体现。此外，运用字距与行距的宽窄同时进行了综合变化，这样能够令作品版式增加空间层次和弹性。字距与行距变化不是绝对的，关键是要根据设计的主题内容和设计情况来进行灵活处理。

行距的变化也会对文本的可读性产生很大的影响。一般情况下，接近字体尺寸的行距设置比较适合正文。行距的常规比例为 10:12，即用字为 10 点，则行距为 12 点。适当的行距会形成一条明显的水平空白条，以引导浏览者的目光，而行距过宽会使一行文字失去较好的延续性。

除了对于可读性的影响，行距本身也是具有很强表现力的设计语言，为了加强界面的装饰效果，可以有意识地加宽或缩窄行距，体现独特的审美趣味，但要注意行距一般不超过字高的200%。加宽行距可以体现轻松、舒展的情绪，应用于娱乐性、抒情性的内容恰如其分。另外，通过精心安排，使宽行距、窄行距并存，可增强界面的空间层次与弹性，表现出独具匠心。

Point 06　文字图形化

字体在一定的条件下，确实不能用电脑中提供的字体，必须要自己创造。这也是汉字魅力所在的地方。所谓"文字图形化"是为了实现文字的字体效果，将文字笔画做合理的变形搭配，使之产生类似有机或无机图形的趣味，强调字体本身的结构美和笔画美，把记号性的文字作为图形元素来表现，同时又强化了原有的功能，如下图所示。

Point 07　文字的强调

运用对比的法则，将强调的文字做适当的处理，使被强调的文字在字体、规格、颜色、方位等方面与正文相区别而产生变化，以满足实现文字的语义功能和美学效应。但是，应注意尽可能少地运用强调，如果什么都想强调，其实什么也没有强调。况且，在一个页面上运用过多的特殊设置会影响浏览者阅读页面内容，除非你有特殊的设计目的。

1. 强调字首

有意识地将正文的第一个字或字母放大或配上不同颜色并做装饰性处理，形成注目焦点。由于它有吸引视线、装饰和活跃界面的作用，所以被应用于网页的文字编排中。至于放大多少，则依据所处网页环境而定。这种形式的编排显得很时尚，如下图所示。

2．引文的强调

引文概括一个段落、一个章节或全文大意，因此在编排上应给予特殊的平面位置和空间来强调。引文的编排方式有多种，如将引文嵌入正文的左右侧、上方、下方或中心位置等，并且可以在字体或字号上与正文相区别而产生变化。

3．关键词的强调

如果将个别关键词作为页面的要点，则可以通过加粗、加框、加下画线、加指示性符号、倾斜字体等手段来有意识地强化文字的视觉效果，使其在网页整体中显得出众而夺目，如下图所示。

4．链接文字的强调

在网页设计中，为文字链接、已访问链接和当前活动链接选用各种颜色和样式（如加粗、倾斜、下画线）。例如，如果用户使用 Dreamweaver 编辑器，默认的设置是正常字体颜色为黑色，默认的链接颜色为蓝色，鼠标单击之后又变为紫红色。使用不同颜色的文字可以使想要强调的部分更引人注目。如果要改变链接文字的颜色，则不要使用和背景相似的色相、相似的饱和度和相似的亮度颜色作为链接的颜色，如左下图所示。

5．线框、符号的强调

用符号、线框或导向线有意加强文字元素的视觉效果，具有特别突出"宾与主"的对比关系，如右下图所示。

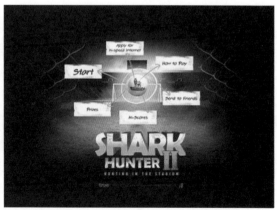

Point 08　网页文字设计方法

网页文字版面的设计同时也是网页创意的过程，创意是网页设计师思维水准的体现，是评价一件网页设计作品好坏的重要标准。在网页设计领域，一切制作的程序由电脑代劳，使人类的劳动仅限于思维上，这是好事，可以省去许多不必要的工序，为创作提供了更好的条件。但在某些必要的阶段上，我们应该记住：人，毕竟才是设计的主体。根据作品主题的要求，突出文字设计的个性色彩，创造出与众不同、独具特色的字体，给人以别开生面的视觉感受，有利于作者设计意图的表现。

1. 对比

主要通过笔画大小、笔画的形态、笔画色彩等的强烈对比使各自的特征更加鲜明，如左下图所示。

2. 笔画互用

笔画互用主要通过相关、相似、相近的笔画间的互相借用来组成文字间的关系，如右下图所示。

3. 笔画突变

笔画突变是指在局部的某个或者某些笔画上采用不同于正常笔画的形态造型，以此来突出文字的内涵和特征，如左下图所示。

4. 添加形象

添加形象主要是通过在汉字局部笔画上添加与汉字表意相关的图像或图形来增加汉字的表意功能。将某个笔画换成有意义或有趣的图形，会使整个视觉活跃起来，如海尔网页中"火"字的设计，如右下图所示。

5. 笔画连接

笔画相连是通过一组文字笔画上的连贯来表达文字间的关系，增强一组文字的视觉感染力，如左下图所示。

6. 表面装饰

字体的表面装饰是通过对文字笔画的局部或者整体装饰，来增强文字传达的效果和感染力，如右下图所示。

7. 添加圆框或方框

将文字放在圆框或方框中也是一种比较简单的设计字体方法，如下图所示。

实战应用——上机实战训练

下面给读者介绍一些经典的网页文字特效，希望读者能跟着我们的讲解，一步一步地做出与书同步的效果。

Example 01 网页卷边文字

案例展示 >>>

光盘路径

素材文件: 光盘素材 \ 素材文件 \ 第 4 章 \ Example 01\4-1-01.jpg
结果文件: 光盘素材 \ 结果文件 \ 第 4 章 \ Example 01\4-1.psd
多媒体教学文件: 光盘素材 \ 教学文件 \ 第 4 章 \ Example 01\4-1.avi

设计分析 >>>

难易难度: ★ ★ ☆ ☆ ☆

操作提示: 本实例首先打开素材文件, 然后使用横排文字工具输入文字, 最后通过创建图层样式与钢笔工具来编辑制作。

技能要点: 创建图层样式、横排文字工具、钢笔工具。

步骤详解 >>>

01 打开文件。启动 Photoshop CC, 执行"文件→打开"命令(打开快捷键:【 Ctrl+O 】), 打开素材文件 4-1-01.jpg, 如左下图所示。

02 输入文字。单击"横排文字工具" T , 在窗口中输入英文"OPEN", 如右下图所示。

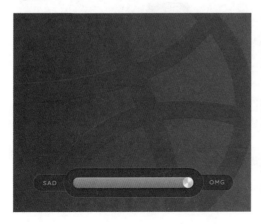

03 设置图层样式。双击文字图层，弹出"图层样式"对话框，勾选"外发光"复选框，
设置参数，如左下图所示。勾选"颜色叠加"复选框，设置参数，如右下图所示。

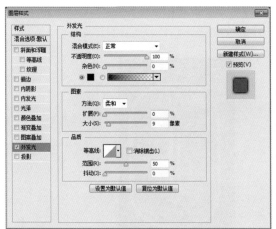 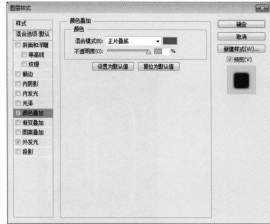

04 设置图层样式。勾选"图案叠加"复选框，设置参数，如左下图所示。勾选"描边"
复选框，设置参数，如右下图所示。完成后单击"确定"按钮。

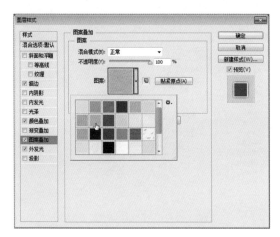 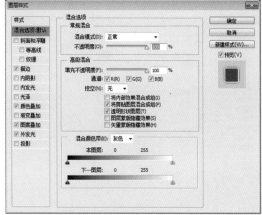

05 使用钢笔工具。新建图层 1，选择钢笔工具 ✐，在字母"O"边缘点下第 1 点，如左
下图所示。

06 使用钢笔工具。继续使用钢笔工具 ✐，在字母"O"边缘点下第 2 点，如右下图所示。

07 调整弧度。继续使用钢笔工具 ，在字母"O"边缘点下第 3 点，与第 1 点的位置重合，按住鼠标不放调整弧度，如左下图所示。

08 转换为选区。按快捷键【Ctrl+Enter】转换为选区，并填充为白色，如右下图所示。完成后执行"选择→取消选择"命令（取消选择快捷键：【Ctrl+D】）来取消选择。

09 设置图层样式。双击图层 1，弹出"图层样式"对话框，勾选"投影"复选框，设置参数，如左下图所示。勾选"渐变叠加"复选框，设置参数，完成后单击"确定"按钮，如右下图所示。

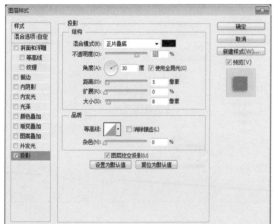
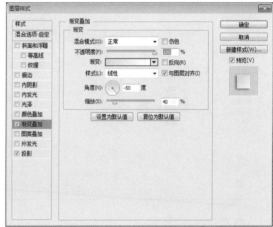

10 完成效果。按照同样的方法，为其他几个字母制作出如下图所示的效果。

Example 02　网站入口文字

案例展示 >>>

光盘路径

素材文件：光盘素材 \ 素材文件 \ 第 4 章 \ Example 02\4-2-01.jpg
结果文件：光盘素材 \ 结果文件 \ 第 4 章 \ Example 02\4-2.psd
多媒体教学文件：光盘素材 \ 教学文件 \ 第 4 章 \ Example 02\4-2.mp4

设计分析 >>>

难易难度：★ ★ ★ ☆ ☆

操作提示：本实例主要使用文字工具、图层样式、合并图层等来编辑制作网站入口文字。

技能要点：文字工具、图层样式。

步骤详解 >>>

01 新建文件并输入文字。按快捷键【Ctrl+O】，打开光盘中的素材文件"4-2-01.jpg"，如左下图所示；单击"横排文字工具"**T**，在窗口中输入文字"进入网站"，文字颜色为白色，如右下图所示。

02 设置图层样式。双击文字图层，打开"图层样式"对话框，勾选"投影"复选框并设置参数，如左下图所示。

03 设置图层样式。勾选"描边"复选框，并设置参数，完成后单击"确定"按钮，如右下图所示。

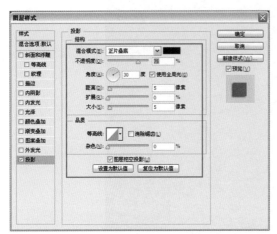 

04 合并图层。新建图层1，然后选择图层1与文字层，执行"图层→合并图层"命令（合并图层快捷键：【Ctrl+E】），如左下图所示。

05 选择"透视"命令。执行"编辑→自由变换"命令（自由变换快捷键：【Ctrl+T】），在变形区域内右击，在弹出的快捷菜单中选择"透视"命令，如右下图所示。

06 设置"混合模式"。将图层1的"混合模式"设置为"叠加"，如左下图所示。

07 复制图层。按快捷键【Ctrl+J】复制图层1，得到"图层1副本"图层，如右下图所示。

08 设置高斯模糊半径。选择图层 1，执行"滤镜→模糊→高斯模糊"命令，如左下图所示。
弹出"高斯模糊"对话框，在对话框中将"半径"设置为 5 像素，如右下图所示。

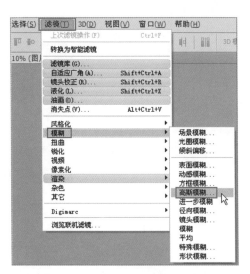 

09 完成效果。完成后单击"确定"按钮即可。本例制作完成，效果如下图所示。

Example 03 巧克力文字 ————————————————

案例展示 >>>

光盘路径

素材文件：光盘素材\素材文件\第4章\Example 03\4-3-01.jpg
结果文件：光盘素材\结果文件\第4章\Example 03\4-3.psd
多媒体教学文件：光盘素材\教学文件\第4章\Example 03\4-3.avi

设计分析 >>>

难易难度：★★★☆☆

操作提示：本实例首先打开素材文件，然后使用横排文字工具输入文字，最后通过创建图层样式来编辑制作。

技能要点：横排文字工具、创建图层样式。

步骤详解 >>>

01 打开文件并转换图层。按快捷键【Ctrl+O】，打开光盘中的素材文件"4-3-01.jpg"，如左下图所示；双击"背景"图层，在弹出的"新建图层"对话框中单击"确定"按钮，将背景层转换为普通层，如右下图所示。

02 设置"色相/饱和度"。单击"图层"面板上的 按钮，在弹出的快捷菜单中选择"色相/饱和度"命令，如左下图所示；然后在打开的"色相/饱和度"面板中进行设置，如右下图所示。

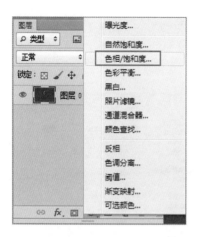 

03 设置"自然饱和度"。单击"图层"面板上的 ◎. 按钮，在弹出的快捷菜单中选择"自然饱和度"命令，如左下图所示；在打开的"自然饱和度"面板中进行设置，如右下图所示。

04 输入文字。单击"横排文字工具" T，在窗口中输入英文"ENTER"，字体为 Khmer UI，颜色随意，效果如左下图所示。

05 设置"填充不透明度"。双击"文字图层"，打开"图层样式"对话框，在对话框中将"填充不透明度"设置为 0%，如右下图所示。

 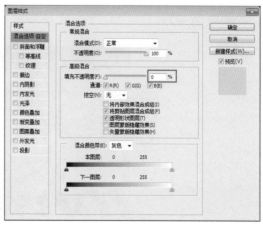

06 设置图层样式。在"图层样式"的对话框左侧勾选"投影"复选框，然后按照左下图所示的参数进行设置；在"图层样式"的对话框左侧勾选"内阴影"复选框，然后按照右下图所示的参数进行设置。

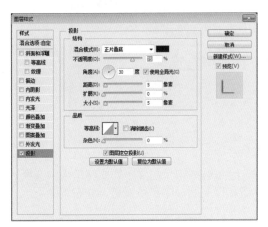 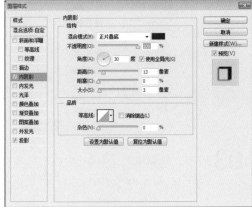

07 设置图层样式。在"图层样式"的对话框左侧勾选"斜面和浮雕"复选框，然后按照左下图所示的参数进行设置；完成后单击"确定"按钮，最终效果如右下图所示。

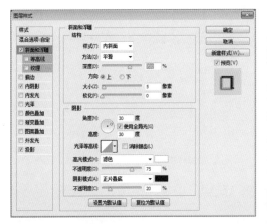 

Example 04　金色纹理文字

案例展示 >>>

素材文件：光盘素材 \ 素材文件 \ 第 4 章 \ Example 04\4-4-01.jpg
结果文件：光盘素材 \ 结果文件 \ 第 4 章 \ Example 04\4-4.psd
多媒体教学文件：光盘素材 \ 教学文件 \ 第 4 章 \ Example 04\4-4.avi

光盘路径

设计分析 >>>

难易难度：★★★★☆

操作提示：本实例首先打开素材文件，然后使用横排文字工具输入文字，最后通过创建图层样式与钢笔工具来编辑制作。

技能要点：创建图层样式、横排文字工具、钢笔工具。

步骤详解 >>>

01 打开文件。按快捷键【Ctrl+O】，打开光盘中的素材文件"4-4-01.jpg"，如左下图所示。

02 建立新组。执行"图层→新建→组"命令，在弹出的"新建组"对话框中将名称设置为"特效文字"，完成后单击"确定"按钮，如右下图所示。

03 输入文字。单击"横排文字工具" T.，在画布上输入英文"GOLDEN"，字体选择 Verdana，大小为 86，颜色为黑色，然后将此图层复制 3 层，分别命名为 golden_1、golden_2、golden_3，如左下图所示。

04 设置图层样式。隐藏 golden_2、golden_3 图层，双击 glare_1 图层，打开"图层样式"对话框，勾选"斜面和浮雕"复选框，按照右下图所示的参数进行设置。

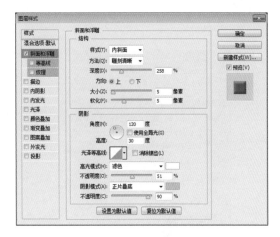

05 设置图层样式。在"图层样式"对话框的左侧勾选"描边"复选框，然后设置参数如左下图所示；勾选"光泽"复选框，设置参数如右下图所示。

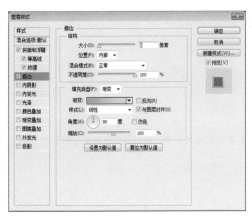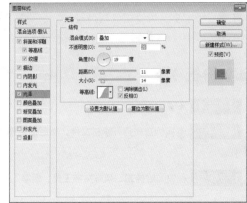

06 设置图层样式。在"图层样式"对话框的左侧勾选"渐变叠加"复选框，参数设置如左下图所示；在"图层样式"的对话框左侧勾选"投影"复选框，参数设置如右下图所示，完成后单击"确定"按钮。

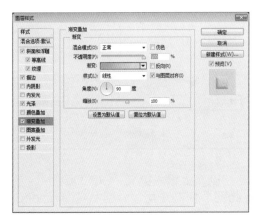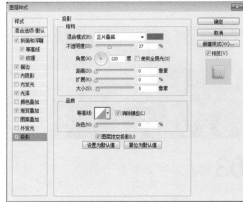

07 设置填充。隐藏 golden_1 图层，恢复 golden_2 图层的显示，将其"填充"设置为 0%，如左下图所示。

08 设置图层样式。双击 glare_2 图层，打开"图层样式"对话框，勾选"斜面和浮雕"复选框，设置参数如右下图所示。

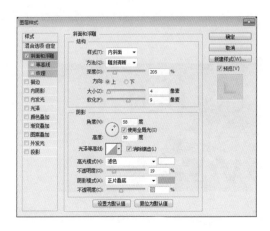

09 设置图层样式。在"图层样式"的对话框左侧勾选"内阴影"复选框，其参数设置如

左下图所示；在"图层样式"的对话框左侧勾选"光泽"复选框，其参数设置如右下图所示，
完成后单击"确定"按钮。

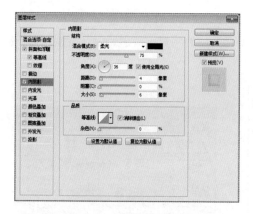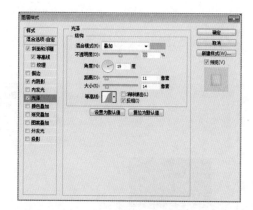

10 设置填充。隐藏 golden_2 图层，恢复 golden_3 图层的显示，将其"填充"设置为 0%，如左下图所示。

11 设置图层样式。双击 glare_3 图层，打开"图层样式"对话框，勾选"斜面和浮雕"复选框，参数设置如右下图所示。

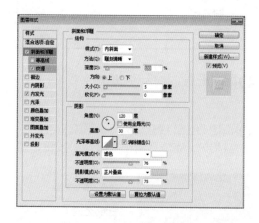

12 设置图层样式。在"图层样式"对话框的左侧勾选"内发光"复选框，其参数设置如左下图所示；在"图层样式"对话框的左侧勾选"投影"复选框，其参数设置如右下图所示，完成后单击"确定"按钮。

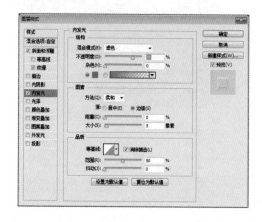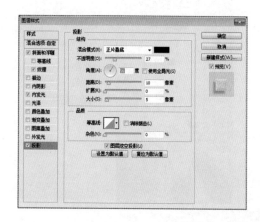

13 设置"镜头光晕"。恢复所有图层的显示，新建一个图层，按快捷键【Alt+Delete】填充为黑色，执行"滤镜→渲染→镜头光晕"命令，打开"镜头光晕"对话框，将光晕点移至右上方，完成后单击"确定"按钮，如左下图所示。

14 设置不透明度。将该图层模式更改为"滤色"，并将其"不透明度"设置为80%，如右下图所示。

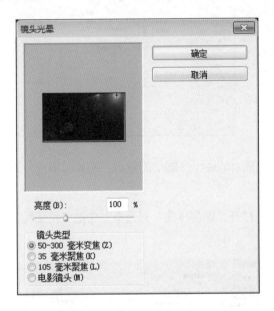

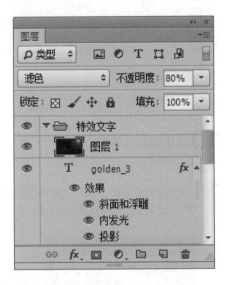

15 合并图层。选择所有的图层右击，在弹出的快捷菜单中选择"合并图层"命令，如左下图所示。

16 设置 USM 锐化。执行"滤镜→锐化→USM 锐化"命令，打开"USM 锐化"对话框，设置数量为 90%，完成后单击"确定"按钮，如右下图所示。

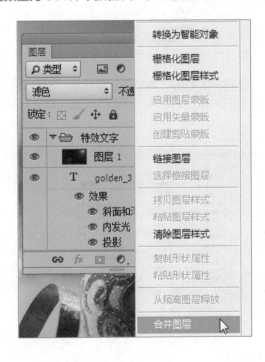

17 完成效果。保存文件，本例制作完成后的效果如下图所示。

学习小结

　　本章讲述了多个艺术文字的实例制作，文字是作品中相当重要的一环。希望读者能开启思维，开拓设计思路，制作出更好、更精美的效果。

CHAPTER

5

DESIGNER

网页按钮特效设计

美观的网页界面能给浏览者带来美的感受，吸引浏览者的注意，而网页中漂亮的按钮能给网页带来不少的加分，本章就介绍了多个按钮特效的设计方法。

知识讲解——行业知识链接

优秀的界面按钮设计一定是醒目且能"吸引"用户眼球的，下面来介绍按钮的设计过程中需要注意的要素。

Point 01　按钮与链接的区别

说起按钮，不得不先提链接，因为对大部分人而言，按钮似乎与链接没有区别，都是完成一个页面的跳转。其实不然，按钮与链接还是有一定的区别。

1. 按钮

按钮代表着"做某件事"，即单击了按钮代表着操作了一个功能，做这件事是有后果的，不易挽回。例如，典型的 baidu 搜索按钮，QQ 邮箱发信按钮等，如左下图所示。像信息搜索、回复、注册，它们的共同点是：都是在"做"一件事，并且绝大多数都是对表单的提交。从技术上讲，这类按钮的作用是向后台提交了数据，"命令"服务器去做一件事。

2. 链接

链接的作用是："带用户去另一个页面"，无论用户单击几次链接，都是在"看"，而并没有"做"任何事。典型的链接是文字标题，单击去看详情，如右下图所示。

大师点拨

按钮的特点

按钮：有一个外框（这个框可以是任何几何形体，如方形、圆形、椭圆形等），在上面有一些文字（如下载、注册、充值、搜索、登录，抽奖等），满足了这两个基本条件的，就可以认为是按钮，按钮的本质特点就是可以单击。

Point 02　按钮本身的用色

按钮本身的颜色应该区别于它周边的环境色，因此它要具备更亮而且有高对比度的颜色，如左下图所示。

Point 03 按钮的位置

按钮应当放置在用户很容易找到它们的地方，如产品旁边、页面顶部、导航条的右侧等，这些都是醒目且很容易找到的地方，如右下图所示。

Point 04 按钮上的文字表述

按钮上使用的文字要言简意赅，简短并切中要点，如注册、下载、创建、免费试玩、说明、联系客服等。关键是不要让用户花费时间去思考，越简单直接就越好，如左下图所示。

Point 05 按钮的空间

按钮不能和界面中的其他元素挤成一团，它需要充足的外边距才能更加突出，也需要更多的内边距才能让文字更容易阅读，如右下图所示。

Point 06 按钮的优先级别

其实在我们平常的设计中有很多都不是那么重要的按钮，需要"低调"处理，也就是说在一个页面中，众多的按钮，是有功能优先级别的，这样就务必让一堆按钮也呈现出视觉的优先级别。如下图所示，右边的按钮群除了大小、位置区分了优先级之外，很重要的一点是色块的区分，高饱和色块的按钮群是不建议存在的。高饱和色调的应用往往是为了突出重点，而非强调整体，所以这种局面的处理方式建议用众多的低饱和色调来衬托小部分高饱和的重点信息。

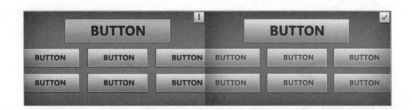

实战应用——上机实战训练

本章介绍了多个按钮的设计方法，希望读者能跟着我们的讲解，一步一步地做出与书同步的效果。

Example 01　网站竖列按钮

案例展示 >>>

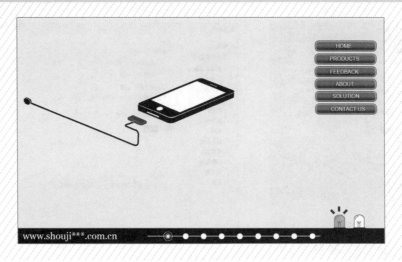

光盘路径　素材文件：光盘素材 \ 素材文件 \ 第 5 章 \ Example 01\5-1-01.jpg
结果文件：光盘素材 \ 结果文件 \ 第 5 章 \ Example 01\5-1.psd
多媒体教学文件：光盘素材 \ 教学文件 \ 第 5 章 \ Example 01\5-1.avi

设计分析 >>>

难易难度：★★☆☆☆

操作提示：本实例首先打开素材文件，然后使用圆角矩形工具来制作网站竖列菜单按钮。

技能要点：圆角矩形工具、创建图层样式、横排文字工具。

步骤详解 >>>

01 打开文件。启动 Photoshop CC，按快捷键【Ctrl+O】，打开素材文件 5-1-01.jpg，如左下图所示。

02 绘制圆角矩形。单击"圆角矩形工具"，在图像窗口的右侧绘制一个圆角矩形，如右下图所示。

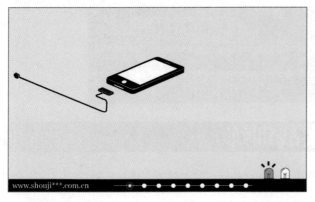

03 添加图层蒙版。单击"图层"面板下方的"添加图层蒙版"按钮 ，为"圆角矩形 1"图层添加图层蒙版，如左下图所示。

04 设置图层样式。双击"圆角矩形 1"图层，打开"图层样式"对话框，勾选"描边"复选框并设置参数，如右下图所示。

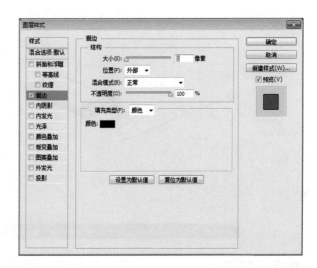

05 设置图层样式。勾选"内发光"复选框，然后按照左下图所示的参数进行设置；勾选"渐变叠加"复选框，然后按照右下图所示的参数进行设置。

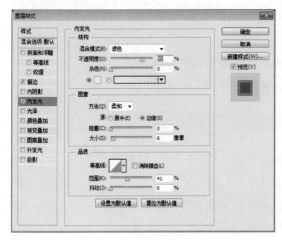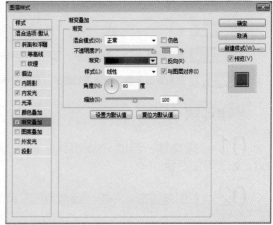

06 设置图层样式。勾选"内阴影"复选框，然后按照左下图所示的参数进行设置；勾选"投影"复选框，然后按照右下图所示的参数进行设置，完成后单击"确定"按钮。

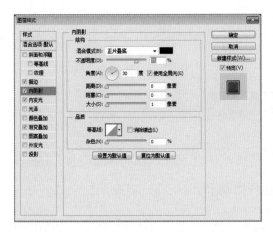 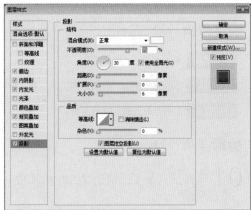

07 输入文字。单击"横排文字工具" T，在圆角矩形上输入英文 HOME，如左下图所示。

08 完成效果。按照同样的方法再制作 5 个圆角矩形并分别输入文字，最终效果如右下图所示。

 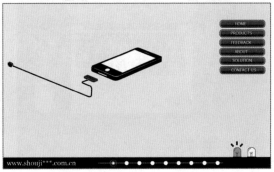

Example 02　网页上的透明按钮

案例展示 >>>

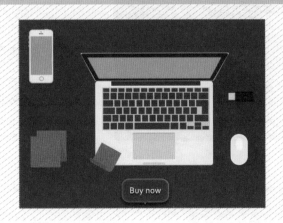

素材文件：光盘素材 \ 素材文件 \ 第 5 章 \ Example 02\5-2-01.jpg
结果文件：光盘素材 \ 结果文件 \ 第 5 章 \ Example 02\5-2.psd
多媒体教学文件：光盘素材 \ 教学文件 \ 第 5 章 \ Example 02\5-2.avi

光盘路径

设计分析 >>>

难易难度： ★ ★ ★ ☆ ☆

操作提示： 本例主要使用"圆角矩形工具"与"钢笔工具"来制作。

技能要点： 圆角矩形工具、钢笔工具。

步骤详解 >>>

01 **打开文件。** 启动 Photoshop CC，按快捷键【Ctrl+O】，打开素材文件 5-2-01. jpg，如左下图所示。

02 **绘制圆角矩形。** 单击"圆角矩形工具"，在图像窗口中绘制一个半径为 25 像素的圆角矩形（填充色为任意色），如右下图所示。

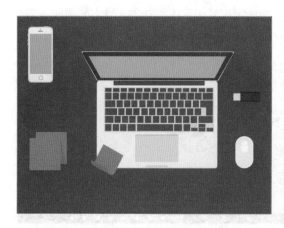

03 **合并形状。** 单击"钢笔工具"，在圆角矩形的下方绘制一个三角形，如左下图所示；并在选项栏中单击按钮，在弹出的下拉菜单中选择"合并形状"命令，如右下图所示。然后在"图层"面板中将"填充"设置为 0%。

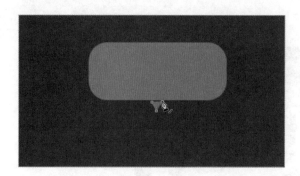
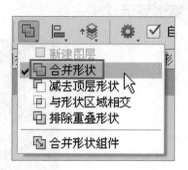

04 **设置图层样式。** 双击"圆角矩形 1"图层，打开"图层样式"对话框，勾选"内发光"复选框，按照左下图所示设置参数；在"图层样式"对话框的左侧勾选"内阴影"复选框，然后按照右下图所示设置参数。

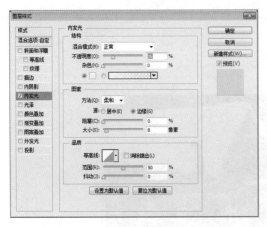
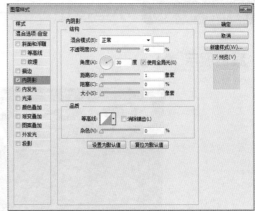

05 设置图层样式。在"图层样式"对话框的左侧勾选"投影"复选框，然后按照左下图所示设置参数，完成后单击"确定"按钮。

06 输入文字。单击"横排文字工具" T，在圆角矩形上输入英文"Buy now"，如右下图所示。

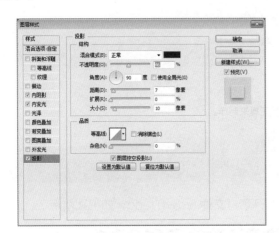

07 设置图层样式。双击文字图层，打开"图层样式"对话框，勾选"投影"复选框，然后按照左下图所示设置参数。

08 完成效果。完成后单击"确定"按钮，本例制作完成，效果如右下图所示。

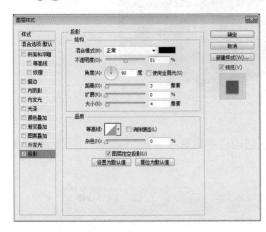
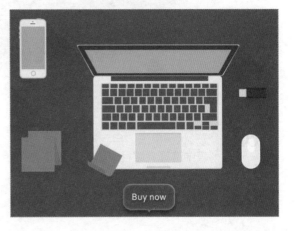

Example 03　小鱼按钮

案例展示 >>>

光盘路径

素材文件：光盘素材 \ 素材文件 \ 第 5 章 \ Example 03\5-3-01.jpg
结果文件：光盘素材 \ 结果文件 \ 第 5 章 \ Example 03\5-3.psd
多媒体教学文件：光盘素材 \ 教学文件 \ 第 5 章 \ Example 03\5-3.avi

设计分析 >>>

难易难度：★ ★ ★ ☆ ☆

操作提示：本例主要使用横排文字工具与自定形状工具来制作。

技能要点：横排文字工具、自定形状工具。

步骤详解 >>>

01 打开文件。按快捷键【Ctrl+O】，打开素材文件 5-3-01.jpg，如下图所示。

02 设置形状。单击"自定形状工具" ，在选项栏中将形状设置为鱼形，在"选择工具模式"下拉列表中选择"路径"选项，如下图所示。

03 绘制鱼形。新建图层 1，拖动鼠标在图像窗口中绘制一个鱼形，如左下图所示。

04 添加锚点。单击"添加锚点工具" ，在小鱼路径上单击添加锚点，然后将小鱼的鱼鳍向左拖动，如右下图所示。

05 填充小鱼。将前景色设置为红色，执行"窗口→路径"命令，打开"路径"面板，单击 按钮，如左下图所示。使用红色来填充小鱼，效果如右下图所示，然后按【Enter】键确认。

06 复制图层。按快捷键【Ctrl+J】复制"图层 1"图层，得到"图层 1 副本"图层，如左下图所示。

07 移动小鱼。执行"编辑→变换路径→垂直翻转"命令，再执行"编辑→变换路径→水平翻转"命令，将复制出来的小鱼向右移动，如右下图所示。

08 合并图层。按快捷键【Ctrl+E】将"图层 1"图层与"图层 1 副本"图层合并，如左下图所示。

09 输入文字。单击"横排文字工具" **T**，在左边的小鱼上输入文字"登录"，如右下图所示。

10 设置图层样式。双击文字图层，打开"图层样式"对话框，勾选"投影"复选框，然后按照左下图所示设置参数，完成后单击"确定"按钮。

11 设置图层样式。双击"图层 1"图层，打开"图层样式"对话框，勾选"描边"复选框，然后按照右下图所示设置参数。

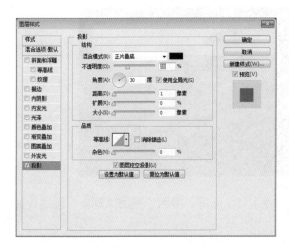 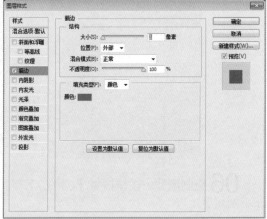

12 完成效果。按照同样的方法在右边的小鱼上输入文字"注册"，并设置"投影"样式即可，效果如下图所示。

Example 04 网站导航按钮 ————————————————

案例展示 >>>

光盘路径

素材文件：光盘素材 \ 素材文件 \ 第 5 章 \ Example 04\5-4-01.jpg
结果文件：光盘素材 \ 结果文件 \ 第 5 章 \ Example 04\5-4.psd
多媒体教学文件：光盘素材 \ 教学文件 \ 第 5 章 \ Example 04\5-4.avi

设计分析 >>>

难易难度：★★★★☆

操作提示：本例主要使用圆角矩形工具、风滤镜、铅笔工具和图层样式及横排文字工具来编辑制作。

技能要点：圆角矩形工具、风滤镜、铅笔工具、图层样式、横排文字工具。

步骤详解 >>>

01 打开文件。按快捷键【 Ctrl+O 】，打开光盘中的素材文件"5-4-01.jpg"，如左下图所示。

02 绘制圆角矩形。单击"圆角矩形工具" ，在图像窗口中绘制一个圆角矩形，如右下图所示。

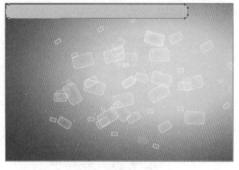

03 设置图层样式。双击"圆角矩形 1"图层，打开"图层样式"对话框，勾选 "内发光"复选框，然后按照左下图所示设置参数。

04 设置图层样式。在"图层样式"对话框的左侧勾选"渐变叠加"复选框，然后按照右下图所示设置参数。

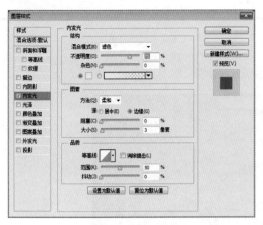

05 设置图层样式。在"图层样式"对话框的左侧勾选"描边"复选框，然后按照下图所示设置参数，完成后单击"确定"按钮。

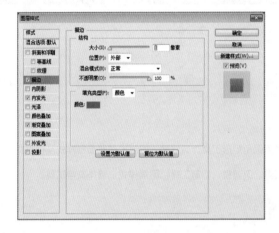

06 选择"栅格化图层"命令。打开"图层"面板，右击"圆角矩形"图层，在弹出的快捷菜单中选择"栅格化图层"命令，如左下图所示。

07 使用钢笔工具。执行"滤镜→风格化→风"命令，打开"风"对话框，选中"风"与"从左"单选按钮，如右下图所示。

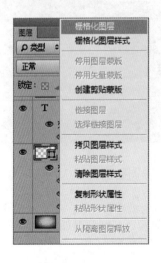
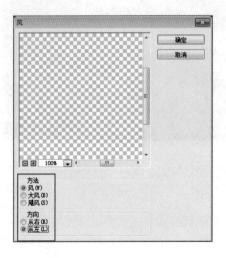

08 输入文字。单击"横排文字工具" **T**，在圆角矩形上输入导航文字，如左下图所示。

09 设置图层样式。双击文字图层，打开"图层样式"对话框，勾选"描边"复选框，然后按照右下图所示设置参数，完成后单击"确定"按钮。

 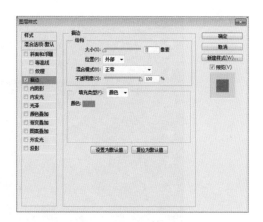

10 绘制竖线。新建图层 1，单击工具箱中的"铅笔工具" ，在导航文字之间绘制竖线，用于分隔导航文字，如左下图所示。

11 绘制矩形选框。新建一个图层，使用"矩形选框工具" ，绘制一个矩形选框，并填充为白色，然后按快捷键【Ctrl+D】取消选区，如右下图所示。

12 设置图层样式。打开"图层样式"对话框，勾选"描边"复选框，然后按照左下图所示设置参数，完成后单击"确定"按钮。

13 完成效果。单击"横排文字工具" **T**，输入英文"search"，完成后的效果如右下图所示。

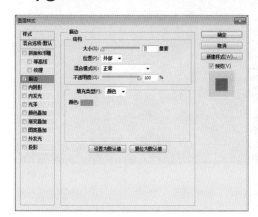 

Example 05　视频与音乐按钮

案例展示 >>>

光盘路径

素材文件：光盘素材 \ 素材文件 \ 第 5 章 \ Example 05\5-5-01.jpg
结果文件：光盘素材 \ 结果文件 \ 第 5 章 \ Example 05\5-5.psd
多媒体教学文件：光盘素材 \ 教学文件 \ 第 5 章 \ Example 05\5-5.avi

设计分析 >>>

难易难度：★★★☆☆

操作提示：本实例使用横排文字工具、图层样式、加深工具和减淡工具等来共同编辑制作。

技能要点：横排文字工具、图层样式、加深工具、减淡工具。

步骤详解 >>>

01 打开文件。按快捷键【Ctrl+O】，打开素材文件 5-5-01.jpg，如左下图所示。

02 绘制圆角矩形。单击"圆角矩形工具"，在图像窗口中绘制一个任意色的圆角矩形，如右下图所示。

03 设置图层样式。双击图层 1，打开"图层样式"对话框，勾选"描边"复选框，然后

按照左下图所示设置参数；在"图层样式"对话框的左侧勾选"颜色叠加"复选框，然后按照右下图所示设置参数。

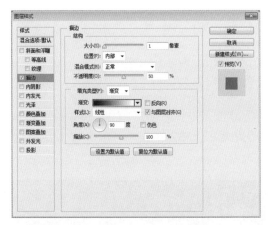
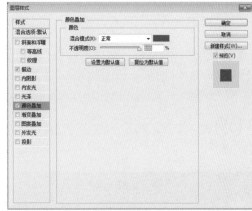

04 设置图层样式。在"图层样式"对话框的左侧勾选"渐变叠加"复选框，然后按照左下图所示设置参数；在"图层样式"对话框的左侧勾选"投影"复选框，然后按照右下图所示设置参数，完成后单击"确定"按钮。

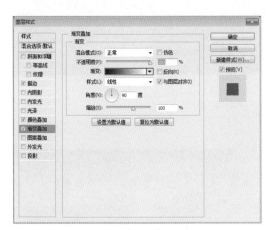
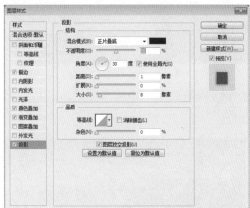

05 使用加深工具。在工具箱中单击"加深工具"，然后使用"加深工具"涂抹圆角矩形的左侧和右侧，如左下图所示。

06 使用减淡工具。在工具箱中单击"减淡工具"，然后使用"减淡工具"涂抹圆角矩形的上侧和下侧，如右下图所示。

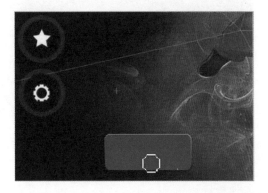

07 设置自定形状工具。单击"自定形状工具"，在"选择工具模式"下拉列表中选择"路径"选项，在选项栏中将形状设置为"胶片"，如下图所示。

08 绘制胶片形状。新建图层2，拖动鼠标在圆角矩形上绘制一个胶片形状，接着按快捷键【Ctrl+Enter】将形状转换为选区，设置前景色为白色，按快捷键【Alt+Delete】填充颜色，如左下图所示。

09 输入文字。单击"横排文字工具"，在圆角矩形上输入英文"VIDEO"，颜色为白色，如右下图所示。

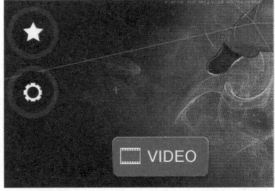

10 完成效果。按照同样的方法，创建一个按钮并输入英文"MUSIC"，完成效果如下图所示。

学习小结

　　本章以多个按钮元素的设计实例，介绍了网页按钮的设计方法与技巧。需要注意的是，网页按钮的设计需要讲究艺术性，其颜色的运用、版式的构成、主题的表现等都要符合大众的审美标准，既要使浏览者能够接受，又要表现出其独特的个性。

CHAPTER

6.

DESIGNER

网页图像处理与特效设计

在网页设计中经常会使用到一些素材图片，这些素材图片的效果不一定能够满足设计的需要，所以就要在 Photoshop 中进行一些处理。本章将介绍多个网页图像处理与特效设计的制作方法。

知识讲解——行业知识链接

制作网页离不开大量的图像处理操作。网页图像处理与用于打印、视频的图像处理存在很大的差异，网页设计者应该有针对性地掌握网页图像的处理方法和技巧。在通常情况下，应考虑以下几个要素。

Point 01　常见的网页图像格式及优点

在网页中图像的格式通常有 3 种，即 GIF、JPEG 和 PNG。

（1）GIF 是英文单词 Graphic Interchange Format 的缩写，即图像交换格式，文件最多使用 256 种颜色，最适合显示色调不连续或具有大面积单一颜色的图像，例如，导航条、按钮、图标、徽标或其他具有统一色彩和色调的图像。

GIF 格式最大的优点就是制作动态图像，可以将数张静态文件作为动画帧串联起来，转换成一张动画文件。

GIF 格式的另一优点就是可以将图像以交错的方式在网页中呈现。所谓交错显示，就是当图像尚未下载完成时，浏览器首先会以马赛克的形式将图像慢慢显示，让浏览者可以大概地猜出下载图像的雏形。

（2）JPEG 是英文单词 Joint Photographic Experts Group 的缩写，它是一种图像压缩格式，文件格式是用于摄影或连续色调图像的高级格式，这是因为 JPEG 文件可以包含数百万种颜色。随着 JPEG 文件品质的提高，文件的大小和下载时间也会随之增加。通常可以通过压缩 JPEG 文件在图像品质和文件大小之间达到良好的平衡。

（3）PNG 是英文单词 Portable Network Graphic 的缩写，即便携网络图像，文件格式是一种替代 GIF 格式的无专利权限制的格式，它包括对索引色、灰度、真彩色图像及 Alpha 通道透明的支持。PNG 是 Macromedia Fireworks 固有的文件格式。PNG 文件可保留所有的原始层、矢量、颜色和效果信息，并且在任何时候所有元素都是可以完全编辑的。

Point 02　图像的颜色

创建图像应使用 RGB 模式，而非用于打印的 CMYK 模式。不必考虑浏览器的安全色，因为几乎不再有人使用 8 位的显示器。颜色的选择应当参照统一的标准，如视觉识别（VI）系统。颜色的数量和效果是决定图像格式的重要因素，如色彩渐变往往产生大量的颜色，如果保存为 GIF 格式则会产生失真，文件大小也会大幅增加，这时应考虑使用 PNG-24、PNG-32 或 JPEG 格式。

Point 03　图像的尺寸

使用矢量创作工具制作的图像往往适合保存为 PNG 格式，其尺寸应在矢量绘图工具中确定，变为位图后便不再轻易对其进行缩放操作（尤其不应进行放大操作）。值得注意的是，在 Fireworks 中创建的 PNG 文件包含图层等可编辑信息，其中的直线、形状、文字都属于矢量图。将这样的图像应用于网页应先进行输出操作以压缩文件大小，而输出的 PNG 图像也会因为丢掉可编辑信息而转为位图。因此，图像尺寸的调节应在输出操作之前就完成。不对位图进行缩放是为了保证图像的轮廓和渐变足够清晰。

对于已有的位图和照片，应先使用 Photoshop 等软件调整好尺寸后再插入网页中，而不应使用 HTML 语言中的 width 和 height 属性改变图像的尺寸。直接使用 HTML 语言控制图像尺寸可能会使图像失真严重。

通常，放入网页中的图片应控制在一个比较小的尺寸。如果与文字混排，宽度最好在 300 像素左右。即便单独出现，宽度也最好在 600 像素以下。至于高度，以不超过一屏为宜。

Point 04　图像与文字的搭配

网页主要由文字和图像构成，并且因为文字与图像在版面中所处的地位和主次不同，而有大小之分。作为标题的文字相对较大，正文文字则较小；作为宣传的图像较大，作为栏目的图像较小，作为项目的图像则更小，同时图像因受空间和位置限制而有横竖之分。

图像和文字体现出网页的内容，因此，图像的有序编排和布局就显示得尤为重要，否则就会产生混乱界面。要使图像与文字成为一个有机整体，需遵照以下几条规则。

1．主次分明，中心突出

任何事物都有一个中心，页面也不例外，在设计时必须考虑视觉中心，中心的确定一般在视线的平视位置或偏上位置。要想访问者一眼就能看到页面的重要内容，就需要将这些内容安排在这个部位，其他内容就可以放置在视觉中心以外，这样在页面上就突出重点，达到了主次分明。

2．大小搭配，相互呼应

在排版内容时，较长的文章或标题，不要编排在一起，要有一定的距离，同样，较短的文章，也不能编排在一起。对待图像的安排亦是如此，要互相错开，造成大小之间有一定的间隔，这样可以使页面错落有致，避免重心的偏离。

3．图文并茂，相得益彰

文字和图像具有一种相互补充的视觉关系，若页面上文字太多，就显得沉闷，缺乏生气。若页面上图像太多，缺少文字，必然就会减少页面的信息容量。因此，最理想的效果是文字与图像的密切配合，互为衬托，既能活跃页面，又能使页面有丰富的内容。

实战应用——上机实战训练

本章介绍了多个网页图像处理与特效设计，希望读者能跟着我们的讲解，一步一步地做出与书同步的效果。

Example 01　将网页中的图像添加怀旧效果

案例展示 >>>

光盘路径

素材文件：光盘素材 \ 素材文件 \ 第 6 章 \ Example 01\6-1-01.jpg
结果文件：光盘素材 \ 结果文件 \ 第 6 章 \ Example 01\6-1.psd
多媒体教学文件：光盘素材 \ 教学文件 \ 第 6 章 \ Example 01\6-1.avi

设计分析 >>>

难易难度：★ ★ ☆ ☆ ☆

操作提示：本实例主要通过添加杂色与单列选框工具来制作。

技能要点：添加杂色、描边、单列选框工具。

步骤详解 >>>

01 打开文件。启动 Photoshop CC，按快捷键【Ctrl+O】，打开素材文件 6-1-01.jpg，如左下图所示。

02 复制图层。选择"背景"图层，按住鼠标左键并拖动至"创建新图层"按钮 上，松开鼠标得到"背景 拷贝"图层，如右下图所示。

03 添加杂色。执行"滤镜→杂色→添加杂色"命令，弹出"添加杂色"对话框，在该对话框中进行左下图所示的参数设置，完成后单击"确定"按钮。

04 设置色相/饱和度。执行"图像→调整→色相/饱和度"命令，弹出"色相/饱和度"对话框，在该对话框中进行右下图所示的参数设置，完成后单击"确定"按钮。

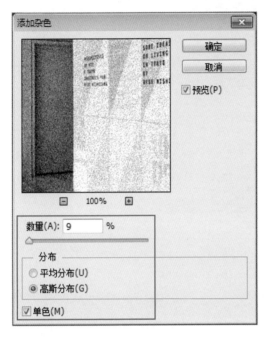

05 绘制选框。新建图层1，单击"单列选框工具"，在工具选项栏中单击"添加到选区"按钮，在图像窗口绘制多个选框，如左下图所示。

06 设置描边。在图像窗口中右击，在弹出的快捷菜单中选择"描边"命令，打开"描边"对话框，将"宽度"设置为3像素，位置为"居中"，如右下图所示。完成后单击"确定"按钮，然后按快捷键【Ctrl+D】取消选择。

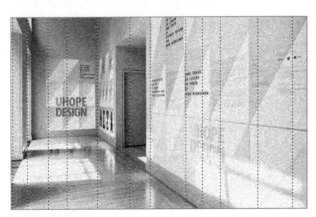

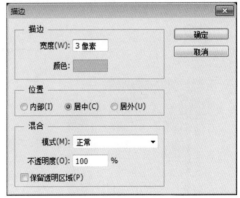

07 设置"不透明"度。设置图层1的"不透明"度为30%，如左下图所示；最终效果如右下图所示。

Example 02　替换网页图像的颜色

案例展示 >>>

光盘路径　素材文件：光盘素材 \ 素材文件 \ 第 6 章 \ Example 02\6-2-01.jpg
结果文件：光盘素材 \ 结果文件 \ 第 6 章 \ Example 02\6-2.psd
多媒体教学文件：光盘素材 \ 教学文件 \ 第 6 章 \ Example 02\6-2.avi

设计分析 >>>

难易难度：★★★☆☆

操作提示：本实例主要使用颜色替换工具来制作。

技能要点：画笔工具。

步骤详解 >>>

01 打开文件。启动 Photoshop CC，按快捷键【Ctrl+O】，打开素材文件 6-2-01.jpg，如左下图所示。

02 设置前景色。在工具箱中单击前景色色块，在弹出的对话框中设置颜色为黄色（R:243、G:213、B:50），完成后单击"确定"按钮，如右下图所示。

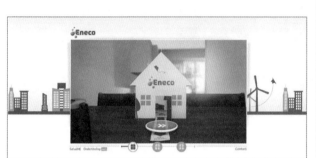
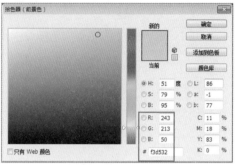

03 设置属性。单击"颜色替换工具" ，在属性选项栏中设置画笔的模式、限制样式及容差等选项，如下图所示。

04 设置参数。单击画笔栏旁边的下拉按钮 ，在拾取器中继续设置画笔大小等参数，如左下图所示。

05 替换颜色。完成设置后在图像中上按住鼠标左键进行拖动，此时光标经过的白色区域自动替换为前景色黄色，如右下图所示。

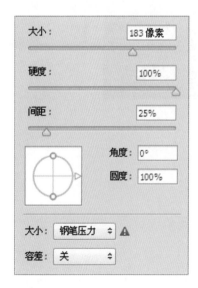

06 完成效果。继续按住鼠标左键进行拖动，直至中间的图像全部成为黄色，效果如下图所示。

Example 03　使用变化制作三色网页图片 ———

案例展示 >>>

光盘路径　素材文件：光盘素材 \ 素材文件 \ 第 6 章 \ Example 03\6-3-01.jpg
　　　　　结果文件：光盘素材 \ 结果文件 \ 第 6 章 \ Example 03\6-3.psd
　　　　　多媒体教学文件：光盘素材 \ 教学文件 \ 第 6 章 \ Example 03\6-3.avi

设计分析 >>>

难易难度：★★★☆☆

操作提示：本实例主要使用矩形选框工具和"变化"命令来制作。

技能要点：矩形选框工具、"变化"命令。

步骤详解 >>>

01 打开文件。按快捷键【Ctrl+O】，打开素材文件 6-3-01.jpg，如下图所示。

91

02 框选图像。使用"矩形选框工具" ⬚ 框选左侧的图像，如左下图所示。

03 复制图像。按快捷键【Ctrl+J】将选区内的图像复制到一个新的"图层 1"中，如右下图所示。

04 框选并复制图像。使用"矩形选框工具" ⬚ 框选中间的图像，如左下图所示；然后按快捷键【Ctrl+J】将选区内的图像复制到一个新的"图层 2"中，如右下图所示。

05 加深颜色。选择"图层 1"，然后执行"图像→调整→变化"命令，打开"变化"对话框，然后单击两次"加深绿色"缩略图，将绿色加深两个色阶，如左下图所示；完成后单击"确定"按钮，效果如右下图所示。

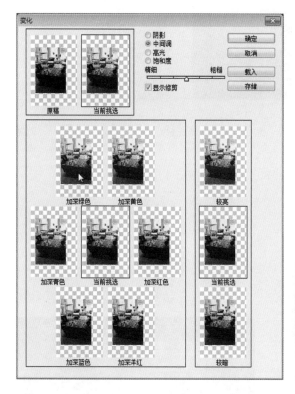

06 加深颜色。选择"图层 2"，然后执行"图像→调整→变化"命令，打开"变化"对话框，然后单击两次"加深黄色"缩略图，将黄色加深两个色阶，如左下图所示；完成后单击"确定"按钮，效果如右下图所示。

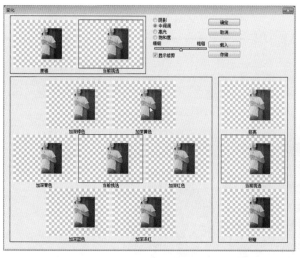

07 框选并复制图像。使用"矩形选框工具" 🔲 框选右侧的图像，如左下图所示；然后按快捷键【Ctrl+J】将选区内的图像复制到一个新的"图层 3"中，如右下图所示。

08 加深颜色。选择"图层3"，然后执行"图像→调整→变化"命令，打开"变化"对话框，然后单击两次"加深洋红"缩略图，将洋红加深两个色阶，如左下图所示；完成后单击"确定"按钮，效果如右下图所示。

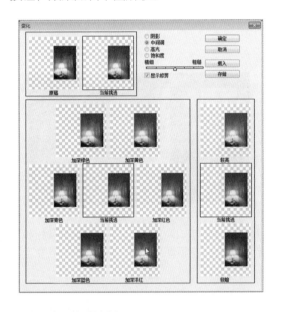

Example 04　网页中的立体图像

案例展示 >>>

光盘路径

素材文件：光盘素材＼素材文件＼第 6 章＼Example 04\6-4-01.jpg
结果文件：光盘素材＼结果文件＼第 6 章＼Example 04\6-4.psd
多媒体教学文件：光盘素材＼教学文件＼第 6 章＼Example 04\6-4.avi

设计分析 >>>

难易难度：★★★☆☆

操作提示：本例主要是通过创建与设置路径来制作。

技能要点：钢笔工具、直接选择工具。

步骤详解 >>>

01 打开文件。按快捷键【Ctrl+O】，打开光盘中的素材文件"6-4-01.jpg"，如左下图所示。

02 设置"宽度"和"高度"。执行"图像→画布大小"命令，在弹出的对话框中设置"宽度"和"高度"为 20 像素，并勾选"相对"复选框，如右下图所示。

03 设置描边样式。复制该图层得到"背景 拷贝"图层，按快捷键【Ctrl+A】全部选择，然后执行"编辑→描边"命令，在弹出的对话框中设置"宽度"为 1 像素，颜色为灰色，并选中"内部"单选按钮，如左下图所示。

04 设置画布大小。按快捷键【Ctrl+D】取消选区，然后执行"图像→画布大小"命令，在弹出的对话框中设置"宽度"和"高度"为 50 像素，并勾选"相对"复选框，如右下图所示。

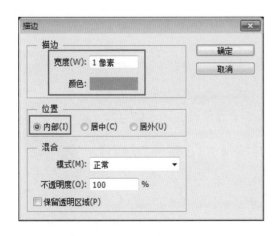

05 绘制并调整路径。隐藏"背景 拷贝"图层的显示，选择"背景"图层，使用"钢笔工具" 绘制一个路径，然后使用"直接选择工具" 对绘制的路径进行一些局部的调整，如左下图所示。

06 添加路径。使用"钢笔工具" 给每条边的中间点添加一个路径，如右下图所示。

07 调整路径。使用"直接选择工具" 对添加的路径进行左下图所示的调整。

08 填充路径。执行"窗口→路径"命令，打开"路径"面板，单击 按钮将路径填充为灰色，如右下图所示。

09 设置高斯模糊半径。执行"滤镜→模糊→高斯模糊"命令，在弹出的对话框中将"半径"设置为 3 像素，完成后单击"确定"按钮，如左下图所示。

10 完成效果。按【Enter】键，然后恢复"背景 拷贝"图层的显示，效果如右下图所示。

Example 05　为网页图像添加艺术色彩

案例展示 >>>

光盘路径

素材文件：光盘素材 \ 素材文件 \ 第 6 章 \ Example 05\6-5-01.png
结果文件：光盘素材 \ 结果文件 \ 第 6 章 \ Example 05\6-5.psd
多媒体教学文件：光盘素材 \ 教学文件 \ 第 6 章 \ Example 05\6-5.avi

设计分析 >>>

难易难度：★★★★☆

操作提示：本例主要通过对曲线、色阶、图层混合模式及亮度 / 对比度的调整来制作。

技能要点：设置曲线、色阶、亮度 / 对比度。

步骤详解 >>>

01 打开文件。按快捷键【Ctrl+O】，打开素材文件 6-5-01.png，如左下图所示。

02 调整曲线。执行"图像→调整→曲线"命令（曲线快捷键：【Ctrl+M】），打开"曲线"对话框，调整曲线，如右下图所示。

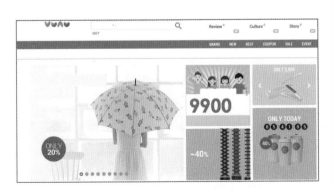

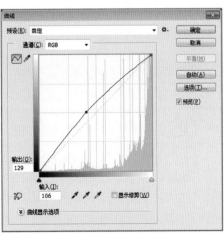

03 设置前景色。新建一个图层 1，设置前景色为灰色，如左下图所示。

04 设置混合模式。按快捷键【Alt+Delete】快速填充颜色，并将图层 1 的"混合模式"设置为"叠加"，如右下图所示。

05 设置"自然饱和度"。单击图层面板下方的"创建新的填充或调整图层"按钮，在弹出的快捷菜单中选择"自然饱和度"命令，在"自然饱和度"面板中设置参数如左下图所示，效果如右下图所示。

06 调整色阶。按照同样的方法，添加"色阶"调整图层，设置参数如左下图所示。

07 填充渐变色。新建图层 2，单击工具箱中的"渐变工具"，设置颜色为透明到灰色（R：150，G：150，B：150）的渐变。单击工具选项栏中的"径向渐变"按钮，在图像窗口中，单击并由中心向外拖动鼠标填充渐变，如右下图所示。

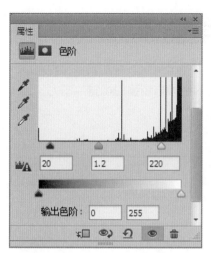

08 设置混合模式与不透明度。将图层 2 的"混合模式"设置为"颜色加深","不透明度"为 30%,如左下图所示。

09 设置半径。执行"滤镜→模糊→高斯模糊"命令,打开"高斯模糊"对话框,设置"半径"为 2 像素,如右下图所示。

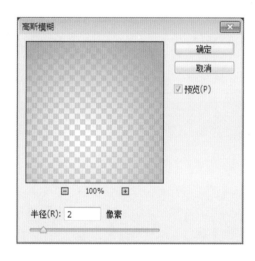

10 设置亮度 / 对比度。选择"背景"图层,执行"图像→调整→亮度 / 对比度"命令,将"亮度"设置为"-45","对比度"设置为"17",如左下图所示。

11 完成效果。完成后单击"确定"按钮,效果如右下图所示。

学习小结

　　图像的艺术特效设计是对图像的再一次创造，通过运用 Photoshop 中的各种工具可以制作出各种奇特绚丽的艺术效果，从而使平淡的图像具有瑰丽的色彩与较强的视觉冲击力，给人们留下深刻的印象。

DESIGNER

网页文字动画特效设计

　　文字动画是 Flash 中不可缺少的一种动画形式，很多优秀的作品都是由精彩的动画配合丰富生动的文字来实现的。本章就介绍了多个根据不同属性的变化来实现文字的特效实例。读者还可以通过不同的制作方法，充分发挥自己的想象力来创建不同的文字特效。

知识讲解——行业知识链接

一个完整的 Flash 作品，除了要有精美的图像外，文字也是不可或缺的元素。下面主要介绍文字动画的特点及表现方法。

Point 01 文字动画的特点

文字经常会被应用在很多的动画作品中，文字动画是 Flash 中最常用、表现方式最灵活的一种动画形式。相对于其他类型的动画形式而言，文字动画主要表现的对象是文字，通过文字和其他各种不同的动画元素进行配合，采用各种制作方法，并结合作者的创意，就可以制作出各种丰富多彩的文字动画效果。

Point 02 文字动画的表现方法

在制作文字动画时，我们经常会使用到各种不同的表现手法，以达到想要的效果，下面列举了几种常用的制作方式。

（1）使用遮罩层，将特定的文字进行遮罩，以实现遮罩效果，或通过遮罩层配合其他制作手法，制作出具有遮罩效果的特殊文字动画。

（2）使用引导层，对控制文字的运动路径，从而使文字按照指定的路径进行运动，或配合其他方法制作出带有引导路径的文字动画。

（3）使用导入的声音或视频素材，制作文字效果，可以加强文字效果的表现力。

（4）使用 Actions Script 语句，使文字实现透明、颜色变换、复制、随机运动及相互转换等特殊的文字动画效果。

实战应用——上机实战训练

下面，给读者介绍一些经典的文字动画特效设计，希望读者能跟着我们的讲解，一步一步地做出与书同步的效果。

Example 01 毛笔写字特效

案例展示 >>>

光盘路径　素材文件：光盘素材＼素材文件＼第 7 章＼Example 01\7-1-01.jpg
结果文件：光盘素材＼结果文件＼第 7 章＼Example 01\7-1.fla
多媒体教学文件：光盘素材＼教学文件＼第 7 章＼Example 01\7-1.avi

设计分析 ▶▶▶

难易难度：★★★☆☆

操作提示：本例主要使用文本工具、橡皮擦工具、逐帧动画与翻转帧功能来制作。

技能要点：文本工具、橡皮擦工具、逐帧动画、翻转帧功能。

步骤详解 ▶▶▶

01 设置动画属性。新建一个 Flash 空白文档。执行"修改→文档"命令，打开"文档设置"对话框，将"舞台大小"设置为 620×480 像素，"帧频"设置为 12，设置完成后单击"确定"按钮，如左下图所示。

02 输入文字。单击"文本工具" [T]，在"属性"面板中设置文字的字体为"微软简行楷"，将字号设置为 220，将字体颜色设置为黑色，在舞台上输入文字"丁"，如右下图所示。

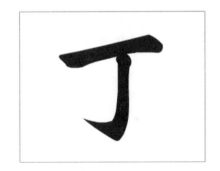

03 导入图像。执行"文件→导入→导入到舞台"命令（导入快捷键：【Ctrl+R】），将一幅毛笔图像导入到舞台上，如左下图所示。

04 转换元件。选中毛笔，执行"修改→转换为元件"命令（转换元件快捷键：【F8】），打开"转换为元件"对话框，在"名称"文本框中输入元件的名称"毛笔"，在"类型"下拉列表中选择"影片剪辑"选项，完成后单击"确定"按钮，如右下图所示。

05 打散文字。选中文字，执行"修改→分离"命令，将文字打散（打散快捷键：【Ctrl+B】），以方便后面的操作，如左下图所示。

06 移动毛笔。将"毛笔"影片剪辑移动到文字的最后笔画处，如右下图所示。

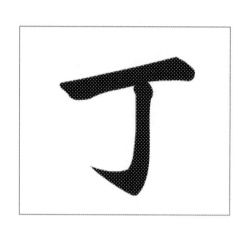

07 擦除笔画并移动毛笔。在图层1的第2帧处插入关键帧。并且使用"橡皮擦工具" 🖊将文字的最后那一笔画处稍微擦除一些。将"毛笔"影片剪辑稍微移动一点，使其仍然停留在文字的最后那一笔画处，如左下图所示。

08 擦除笔画并移动毛笔。在第3帧处插入关键帧。继续使用"橡皮擦工具" 🖊按照文字的书写顺序倒着清除，并将"毛笔"影片剪辑跟着移动，如右下图所示。

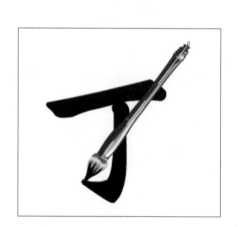
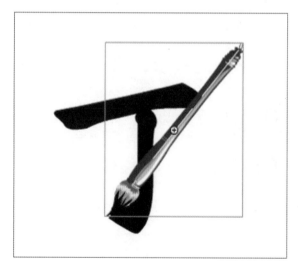

09 擦除笔画并移动毛笔。在第4帧处插入关键帧。继续使用"橡皮擦工具" 🖊按照文字的书写顺序倒着清除，并将"毛笔"影片剪辑跟着移动，如左下图所示。

10 擦除笔画并移动毛笔。按照同样的办法，继续插入关键帧，使用"橡皮擦工具" 🖊按照文字的书写顺序倒着清除，并将"毛笔"影片剪辑移动到清除的最后，如右下图所示。

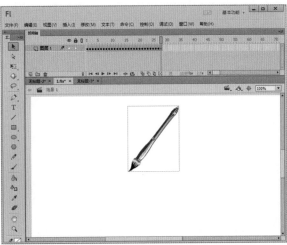

11 选择"翻转帧"命令。选中时间轴上的所有关键帧，右击，在弹出的快捷菜单中选择"翻转帧"命令，如左下图所示。

12 导入图像。新建图层 2，将其拖动到图层 1 的下方，按快捷键【Ctrl+R】将素材文件 7-1-01.jpg 导入到舞台中，然后在图层 1 与图层 2 的第 100 帧处插入帧，如右下图所示。

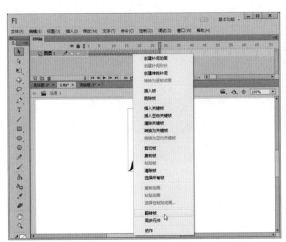

大师点拨
→ 为什么要使用"翻转帧"命令

因为开始是使用"橡皮擦工具" 按照文字的书写顺序倒着清除，所以在使用了"翻转帧"命令后，文字就按照正确的书写顺序显示出来。

13 保存文件。执行"文件→保存"命令（保存快捷键:【Ctrl+S】），打开"另存为"对话框，在对话框中选择文件的保存路径并输入文件名，完成后单击 保存(S) 按钮，如左下图所示。

14 测试动画。执行"控制→测试"命令（测试快捷键: 【Ctrl+Enter】），欣赏本例的完成效果，如右下图所示。

Example 02　网页冲击波文字

案例展示 >>>

光盘路径　素材文件：光盘素材 \ 素材文件 \ 第 7 章 \ Example 02\7-2-01.png
结果文件：光盘素材 \ 结果文件 \ 第 7 章 \ Example 02\7-2.fla
多媒体教学文件：光盘素材 \ 教学文件 \ 第 7 章 \ Example 02\7-2.avi

设计分析 >>>

难易难度： ★★★☆☆

操作提示： 本例主要使用文本工具与调整元件 Alpha 值来制作。

技能要点： 创建元件、文本工具、调整元件 Alpha 值。

步骤详解 >>>

01 设置动画属性。新建一个 Flash 空白文档。执行"修改→文档"命令，打开"文档设置"对话框，将"舞台大小"设置为 800×400 像素，设置完成后单击"确定"按钮，如左下图所示。

02 导入图像。执行"文件→导入→导入到舞台"命令，将素材文件 7-2-01.png 导入到舞台中，如右下图所示。

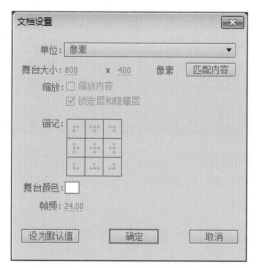

03 新建元件。执行"插入→新建元件"命令，打开"创建新元件"对话框。在对话框的"名称"文本框中输入名称"文字"，在"类型"下拉列表中选择"影片剪辑"选项，如左下图所示。完成后单击"确定"按钮进入按钮元件编辑区。

04 设置文字属性。单击"文本工具" T，在"属性"面板中设置文字的字体为"迷你简菱心"，将字号大小设置为 78 磅，将"字母间距"设置为 3，将字体颜色设置为红色，如右下图所示。

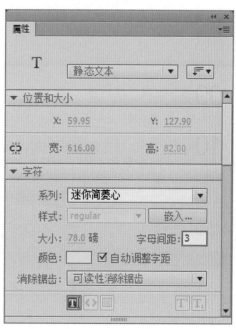

05 输入文字。在影片剪辑编辑区中输入文字"夏日乐不停"，如左下图所示。

06 新建元件。执行"插入→新建元件"命令，打开"创建新元件"对话框。在对话框的"名称"

文本框中输入按钮名称"动画"，在"类型"下拉列表中选择"影片剪辑"选项，如右下图所示。完成后单击"确定"按钮进入按钮元件编辑区。

07 拖入元件。执行"窗口→库"命令（"库"面板快捷键：【Ctrl+L】），打开"库"面板，把影片剪辑"文字"拖入影片剪辑"动画"中，在时间轴的第 10 帧处按【F6】键插入关键帧，如左下图所示。

08 放大文字。选中第 10 帧处的文字，使用"任意变形工具" 将其放大，如右下图所示。

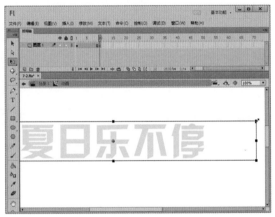

09 拖入元件。选中第 10 帧处的文字，在"属性"面板中设置其 Alpha 值为 0%，并在第 1 帧至第 10 帧之间创建补间动画，如左下图所示。

10 放大文字。单击 场景 1 按钮返回主场景，新建 5 个图层，分别在 2 ~ 6 层的第 5，10，15，20，25 帧处按【F6】键插入关键帧，如右下图所示。

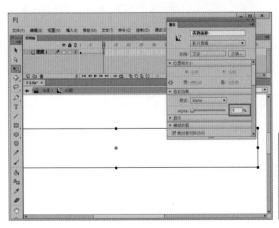

11 拖入元件。在"库"面板中将影片剪辑"动画"拖动到 2 ~ 6 层中的关键帧处，并分别在 1 ~ 6 层的第 50 帧处按【F5】键插入帧，如左下图所示。

12 完成效果。保存动画文件，然后按快捷键【Ctrl+Enter】，欣赏本例的完成效果，如右下图所示。

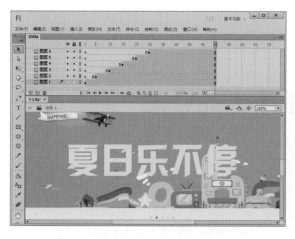 

Example 03　极光文字

案例展示 >>>

光盘路径　素材文件：光盘素材 \ 素材文件 \ 第 7 章 \ Example 03\7-3-01.jpg
结果文件：光盘素材 \ 结果文件 \ 第 7 章 \ Example 03\7-3.fla
多媒体教学文件：光盘素材 \ 教学文件 \ 第 7 章 \ Example 03\7-3.avi

设计分析 >>>

难易难度：★ ★ ★ ☆ ☆

操作提示：本例主要使用"发光"滤镜、"模糊"滤镜和遮罩动画功能来制作。

技能要点："发光"滤镜、"模糊"滤镜、遮罩动画。

步骤详解 >>>

01 设置动画属性。新建一个 Flash 空白文档。执行"修改→文档"命令，打开"文档设置"对话框，在对话框中将"舞台大小"设置为 670×460 像素，"舞台颜色"设置为黑色，设置完成后单击"确定"按钮，如左下图所示。

02 输入文字。单击"工具箱"中的"文本工具" T，在舞台上输入文字"极光文字"，将文字字体设置为"迷你简菱心"，字号大小为 89 磅，字体颜色为橙黄色，"字母间距"为 3，如右下图所示。

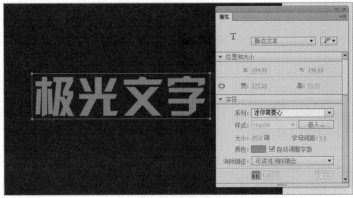

03 复制并粘贴文字。选中文字，执行"编辑→直接复制"命令（直接复制快捷键【Ctrl+D】），直接复制文字，再执行"修改→时间轴→分散到图层"命令（分散到图层快捷键：【Ctrl+Shift+D】），将文字粘贴到一个新的图层中，如左下图所示。

04 转换元件。选中"图层 1"的文字，然后按【F8】键将其转换为影片剪辑元件，如右下图所示。

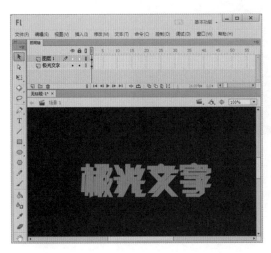

05 复制并打散文字。将"极光文字"图层的文字也转换为影片剪辑，双击"图层 1"的文字进入影片剪辑编辑区域，然后新建一个"图层 2"，并复制一份文字到"图层 2"中，再按两次快捷键【Ctrl+B】打散文字，如左下图所示。

06 **绘制矩形**。在"图层 1"和"图层 2"之间新建一个"图层 3"，然后使用"矩形工具" ▣ 在"图层 3"中绘制一个大小合适的矩形，再打开"颜色"面板，设置类型为"径向渐变"，并设置第 1 个色标颜色为（R:0，G:153，B:255），第 2 个色标颜色为（R:255，G:255，B:255），第 3 个色标颜色为（R:0，G:255，B:255），第 4 个色标颜色为（R:255，G:255，B:255），如右下图所示。

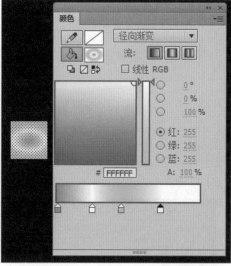

07 **调整图像**。单击"渐变变形工具" ▣，将渐变调整为左下图所示的效果，然后按【F8】键将其转换为影片剪辑，如右下图所示。

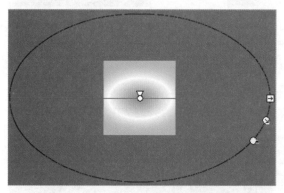

08 **复制并拼贴**。按快捷键【Ctrl+D】复制 6 份图形，然后将其拼贴在一起，如下图所示。

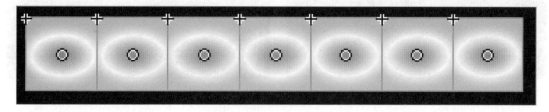

09 **复制并拼贴**。按【F8】键将所有的图形都转换为影片剪辑，然后选中"图层 1"、"图层 2"和"图层 3"的第 60 帧，按【F5】键插入帧，如下图所示。

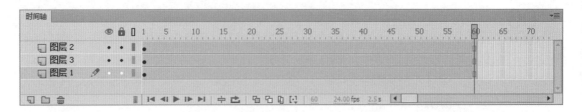

10 **移动图形。**在"图层3"的第60帧处插入关键帧，然后将该帧处的图形向右移动，如左下图所示。

11 **选择"遮罩层"命令。**在"图层3"的第1帧与第60帧之间创建动画，然后在"图层2"上右击，在弹出的快捷菜单中选择"遮罩层"命令，如右下图所示。

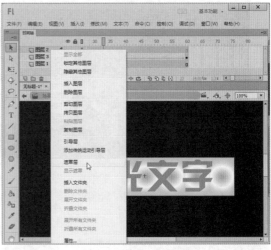

12 **更改颜色。**返回"场景1"，然后双击"极光文字"图层中的文字，进入该影片剪辑的编辑区中，将文字的颜色更改为红色（#DC1A5C），如左下图所示。

13 **导入图像。**返回"场景1"，新建"图层3"，将其拖动到最下方，然后执行"文件→导入→导入到舞台"命令，将素材文件7-3-01.jpg导入到舞台中，如右下图所示。

14 **完成效果。**保存动画文件，然后按快捷键【Ctrl+Enter】，欣赏本例的完成效果，如下图所示。

Example 04　网页中极速漂移的文字

案例展示 >>>

光盘路径　素材文件：光盘素材 \ 素材文件 \ 第 7 章 \ Example 04\7-4-01.jpg
结果文件：光盘素材 \ 结果文件 \ 第 7 章 \ Example 04\7-4.psd
多媒体教学文件：光盘素材 \ 教学文件 \ 第 7 章 \ Example 04\7-4.avi

设计分析 >>>

难易难度：★★★★☆

操作提示：本例通过创建 ActionScript 文件并添加 Action Script 代码来制作。

技能要点：创建 ActionScript 文件、添加 Action Script 代码。

步骤详解 >>>

01 设置动画属性。新建一个 Flash 空白文档。执行"修改→文档"命令，打开"文档设置"对话框，将"舞台大小"设置为 640×400 像素，"舞台颜色"设置为黑色，"帧频"设置为 35，设置完成后单击"确定"按钮，如左下图所示。

02 导入图像。执行"文件→导入→导入到舞台"命令，将素材文件 7-4-01.jpg 导入到舞台上，如右下图所示。

03 新建元件。执行"插入→新建元件"命令，打开"创建新元件"对话框。在"名称"的文本框中输入"MoveBall"，在"类型"下拉列表中选择"影片剪辑"选项，完成后单击"确定"按钮，如左下图所示。

04 设置文字属性。单击"文本工具" ⊤，在"属性"面板中设置文字的字体为"微软雅黑"，将字号大小设置为 30 磅，将字体颜色设置为红色，如右下图所示。

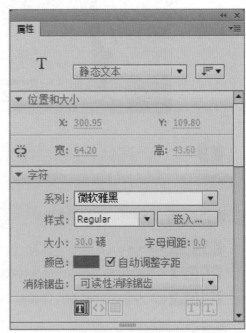

05 输入文字。在影片剪辑编辑区中输入文字"风景"，如左下图所示。

06 选择"属性"命令。打开"库"面板，在影片剪辑元件"MoveBall"上右击，在弹出的快捷菜单中选择"属性"命令，如右下图所示。

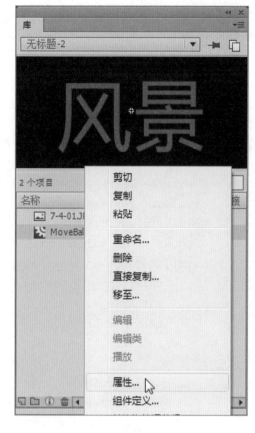

07 勾选"为 ActionScript 导出"复选框。打开"元件属性"对话框，单击 高级 ▼ 下拉按钮，勾选"为 ActionScript 导出"复选框，完成后单击"确定"按钮，如左下图所示。

08 新建 ActionScript 文件。执行"文件→新建"命令（新建快捷键:【Ctrl+N】），打开"新建文档"对话框，选择"ActionScript 文件"选项，单击"确定"按钮，如右下图所示。

09 输入代码。按快捷键【Ctrl+S】将 ActionScript 文件保存为 MoveBall.as，然后在 MoveBall.as 中输入如下代码，如左下图所示。

```
package {
    import flash.display.Sprite;
    import flash.events.Event;

    public class MoveBall extends Sprite {

        private var yspeed:Number;
        private var W:Number;
        private var H:Number;
        private var space:uint = 10;
        public function MoveBall(yspeed:Number,w:Number,h:Number) {
            this.yspeed = yspeed;
            this.W = w;
            this.H = h;
            init();
        }
        private function init() {
            this.addEventListener(Event.ENTER_FRAME,enterFrameHandler);
        }
        private function enterFrameHandler(event:Event) {
            this.y -= this.yspeed/2;
            this.x -= this.yspeed/2;
            if (this.y<-space) {

                this.x = Math.random()*this.W;
                this.y = this.H + space;
            }
        }
    }
```

10 输入代码。返回主场景中，新建图层2，选择该层的第1帧，执行"窗口→动作"命令（"动作"面板：快捷键【F9】），打开"动作"面板，输入如下代码，如右下图所示。

```
var W = 600,H = 300,Num = 40,speed = 5;
var container:Sprite = new Sprite();
addChild(container);

for (var i:uint=0; i<Num; i++) {
    speed = Math.random()*speed+3;
    var boll:MoveBall=new MoveBall(speed,W,H);

    boll.x=Math.random()*W;
```

```
boll.y=Math.random()*H;

boll.alpha   = .1+Math.random();
boll.scaleX =boll.scaleY= Math.random();


container.addChild(boll);


}
```

11 **完成效果**。保存动画文件，然后按快捷键【Ctrl+Enter】，欣赏本例的完成效果，如下图所示。

Example 05　甩不开的文字

案例展示 >>>

光盘路径

素材文件：光盘素材 \ 素材文件 \ 第 7 章 \ Example 05\7-5-01.jpg
结果文件：光盘素材 \ 结果文件 \ 第 7 章 \ Example 05\7-5.psd
多媒体教学文件：光盘素材 \ 教学文件 \ 第 7 章 \ Example 05\7-5.avi

设计分析 >>>

难易难度：★ ★ ★ ☆ ☆

操作提示：本例主要通过添加 ActionScript 脚本来制作。

技能要点：设置帧频、导入图像、添加 ActionScript 脚本。

步骤详解 >>>

01 设置动画属性。在 Flash CC 中新建一个 Flash 空白文档。执行"修改→文档"命令，打开"文档设置"对话框，将"舞台大小"设置为 700×500 像素，"帧频"设置为 30，设置完成后单击"确定"按钮，如左下图所示。

02 导入图像。执行"文件→导入→导入到舞台"命令，将素材文件 7-5-01.jpg 导入到舞台上，如右下图所示。

03 添加代码。新建一个图层 2，选中该层的第 1 帧，按【F9】键打开"动作"面板，在"动作"面板中添加如下代码，如左下图所示。

```
function hs(str:String):Array
{
    var sArr:Array=new Array();
    sArr=str.split("");
    var l:int=sArr.length;
    var tArr:Array=new Array();
    var mArr:Array=new Array();
    var i:int;
    var textType:TextFormat=new TextFormat();
    textType.font="迷你简菱心";
    textType.size=38;
    for (i=0; i<l; i++)
    {
        tArr[i]=new TextField();
        tArr[i].defaultTextFormat=textType;
        tArr[i].appendText(sArr[l-i-1]);//.text=sArr[i];
        tArr[i].textColor=0xFF0000
        *Math.random();
        tArr[i].autoSize=TextFieldAutoSize.CENTER;
        mArr[i]=new Sprite();
        mArr[i].addChild(tArr[i]);
        //this.addChild(mArr[i]);
        //mArr[i].x=20*i;
    }
    return mArr;
}
var arr:Array=new Array();
var str:String=new String();
str="卡通世界";
arr=hs(str);
var l:int=arr.length;
var timer:Timer;
var TrigSplit:Number=360/l;
var logoWidth:int=4*l;
var logoHeight:int=4*l;
var xpos:Number=mouseX;
var ypos:Number=mouseY;
var i:int;
var Xn:Array=new Array();
var Yn:Array=new Array();
```

```
    var step:Number=0.05;
    var currStep:Number=0;
    for (i=0; i <l; i++)
    {
        addChild(arr[i]);
         Xn[i]=arr[i].y =mouseY+logoHeight*Math.sin(i*TrigSplit*Math.PI/180)-
logoWidth/2;

         Yn[i]=arr[i].x=mouseX+logoWidth*Math.cos(i*TrigSplit*Math.PI/180)-
logoHeight/2;
    }
    stage.addEventListener(MouseEvent.MOUSE_MOVE,mouse);
    function mouse(evt:MouseEvent)
    {
        xpos=mouseX;
        ypos=mouseY;
    }
    function animateLogo()
    {
        for (i=0; i <l; i++)
        {
                arr[i].y =Yn[i]+logoHeight*Math.sin(currStep+i*TrigSplit*Math.
PI/180)-logoWidth/2;
                arr[i].x=Xn[i]+logoWidth*Math.cos(currStep+i*TrigSplit*Math.
PI/180)-logoHeight/2;
        }
        currStep+=step;
    }
    function delay(evt:TimerEvent)
    {
        for (i=0; i <l; i++)
        {
            Yn[i]+=(ypos-Yn[i])*(0.1+i/l);
            Xn[i]+=(xpos-Xn[i])*(0.1+i/l);

        }
        animateLogo();
        evt.updateAfterEvent();
    }
    timer=new Timer(50,0);
    timer.addEventListener(TimerEvent.TIMER,delay);
    timer.start();
```

04 完成效果。保存动画文件，然后按快捷键【Ctrl+Enter】，欣赏本例的完成效果，如右下图所示。

学习小结

通过本章内容的学习，相信读者可以掌握文本的一些常用处理方法和编辑技巧。掌握设置文本的类型、文本字体、大小、颜色等基本属性。通过这样的设置对文本进行更复杂、更自由的编辑，使文本呈现出更为丰富多彩的效果。

CHAPTER

8

DESIGNER

鼠标与菜单动画特效设计

鼠标与菜单动画特效在网络中使用得非常频繁，鼠标与菜单具备多样化的交互作用能力，提供强有力的交互控制。在网页中，鼠标与菜单特效可以为网页增色不少。

知识讲解——行业知识链接

一个完整的 Flash 作品，除了需有精美的图像与文字外，鼠标特效与菜单特效也是不可或缺的元素。下面来介绍鼠标与菜单特效的应用。

Point 01　鼠标特效的应用

在动画中与观众互动，常要用到鼠标特效，鼠标操作是制作互动影片的核心。

鼠标特效是 Flash 动画中应用很广泛的一种动画特效。鼠标操作是制作互动影片的核心，根据鼠标的特性，我们可以实现很多鼠标的特殊效果，比较常见的有鼠标跟随、鼠标拖曳等。

鼠标特效主要表现的对象是鼠标特效，通过和其他各种不同的动画元素及 Action Script 代码进行配合，采用各种制作方法，并结合制作的创意，就可以制作出各种鼠标特效。特别是与 Action Script 代码配合，可以将简单的动画制作出绚丽的效果。左下图所示中的点蜡烛效果就是很经典的鼠标特效。

Point 02　菜单特效的应用

菜单特效在网络中使用得非常频繁，菜单具备多样化的交互作用能力，提供强有力的交互控制。在网页中，动感十足的导航菜单可以为网页增色不少。导航条的作用是可以通过用户鼠标的操作，来指引用户了解一些重要的信息，在制作导航条时需注意理解Action Script 代码的编写，这对导航条起着至关重要的作用。

菜单特效主要表现的对象是菜单，通过和其他各种不同的动画元素及 Action Script 代码进行配合，采用各种制作方法，并结合制作的创意，就可以制作出各种丰富多彩的菜单特效。右下图所示为很经典的菜单特效。

实战应用——上机实战训练

下面，给读者介绍一些经典的鼠标与菜单动画特效设计，希望读者能跟着我们的讲解，一步一步地做出与书同步的效果。

Example 01 控制弹性小球

案例展示 >>>

光盘路径 素材文件：光盘素材 \ 素材文件 \ 第 8 章 \ Example 01\8-1-01.jpg
结果文件：光盘素材 \ 结果文件 \ 第 8 章 \ Example 01\8-1.fla
多媒体教学文件：光盘素材 \ 教学文件 \ 第 8 章 \ Example 01\8-1.avi

设计分析 >>>

难易难度： ★ ★ ★ ☆ ☆

操作提示： 本例主要通过设置类名称、新建 Action Script 文件、添加 Action Script 代码来制作。

技能要点： 设置类名称、新建 Action Script 文件、添加 Action Script 代码。

步骤详解 >>>

01 设置动画属性。新建一个 Flash 空白文档。执行"修改→文档"命令，打开"文档设置"对话框，将"舞台大小"设置为 600×420 像素，"帧频"设置为 30，设置完成后单击"确定"按钮，如左下图所示。

02 导入图像。执行"文件→导入→导入到舞台"命令，将素材文件 8-1-01.jpg 导入到舞台上，如右下图所示。

03 设置类名称。打开"属性"面板，在"类"的文本框中输入"SproingDemo"，如左下图所示。

04 新建 ActionScript 文件。按快捷键【Ctrl+N】，打开"新建文档"对话框，选择"ActionScript 文件"选项，单击"确定"按钮，如右下图所示。

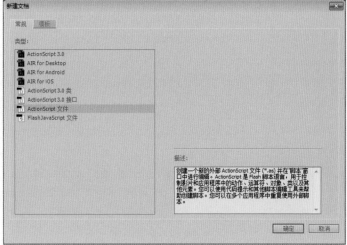

05 输入代码。按快捷键【Ctrl+S】将 ActionScript 文件保存为 SproingDemo.as，然后在 SproingDemo.as 中输入如下代码，如左下图所示。

```
package {
  import flash.display.Shape;
  import flash.display.Sprite;
  import flash.events.Event;
  import flash.ui.Mouse;

  public class SproingDemo extends Sprite {
    private var orb1:Shape;
    private var orb2:Orb;
    private var lineCanvas:Shape;
    private var spring:Number = .1;
    private var damping:Number = .9;

    // Constructor
    public function SproingDemo() {
      init();
    }

    private function init():void {
      // Set up the small orb
      orb1 = new Shape();
      orb1.graphics.lineStyle(1, 0x6633CC);
```

```
    orb1.graphics.beginFill(0x6699CC);
    orb1.graphics.drawCircle(0, 0, 10);

    // Set up the large orb
    orb2=new Orb(25, 0x00CCFF, 1, 0x0066FF);

    // Set up the drawing canvas for the line drawn between the orbs
    lineCanvas=new Shape();

    // Add lineCanvas, orb1 and arb2 to this object's display hierarchy
    addChild(orb2);
    addChild(orb1);
    addChild(lineCanvas);

    // Register for Event.ENTER_FRAME events
    addEventListener(Event.ENTER_FRAME, enterFrameListener);

    // Hide the mouse pointer
    Mouse.hide();
}

private function enterFrameListener(e:Event):void {
    // Set orb1's position to current mouse position
    orb1.x=mouseX;
    orb1.y=mouseY;

    // Spring orb2 to orb1
    orb2.vx+=(orb1.x-orb2.x) * spring;
    orb2.vy+=(orb1.y-orb2.y) * spring;
    orb2.vx*=damping;
    orb2.vy*=damping;
    orb2.x+=orb2.vx;
    orb2.y+=orb2.vy;

    // Draw a line between the two orbs
    drawLine();
}

private function drawLine():void {
    with (lineCanvas) {
        graphics.clear();
       graphics.moveTo(orb1.x, orb1.y);
       graphics.lineStyle(1, 0x4C59D8);
        graphics.lineTo(orb2.x, orb2.y);
```

```
      }
    }
  }
}
```

06 输入代码。按照同样的方法新建一个 Orb.as 文件，然后在 Orb.as 中输入如下代码，如右下图所示。

```
package {
  import flash.display.Shape;

  public class Orb extends Shape {
    internal var radius:int;
    internal var vx:Number=0;
    internal var vy:Number=0;

    // Constructor
    public function Orb(radius:int=20, fillColor:int=0x00FF00,
     lineThickness:int=1, lineColor:int=0) {
      this.radius=radius;
      graphics.lineStyle(lineThickness, lineColor);
      graphics.beginFill(fillColor);
      graphics.drawCircle(0, 0, radius);
    }
  }
}
```

07 完成效果。保存动画文件，然后按快捷键【Ctrl+Enter】，欣赏本例的完成效果，如下图所示。

Example 02 图像上的水纹

案例展示 >>>

光盘路径　素材文件：光盘素材 \ 素材文件 \ 第 8 章 \ Example 02\8-2-01.png
结果文件：光盘素材 \ 结果文件 \ 第 8 章 \ Example 02\8-2.fla
多媒体教学文件：光盘素材 \ 教学文件 \ 第 8 章 \ Example 02\8-2.avi

设计分析 >>>

难易难度： ★★★☆☆

操作提示： 本例主要是通过导入图像到库、设置位图属性、添加 Action Script 代码来制作。

技能要点： 导入图像到库、设置位图属性、添加 Action Script 代码。

步骤详解 >>>

01 设置动画属性。新建一个 Flash 空白文档。执行"修改→文档"命令，打开"文档设置"对话框，将"舞台大小"设置为 400×300 像素，"帧频"设置为 30，设置完成后单击"确定"按钮，如左下图所示。

02 导入图像到库。执行"文件→导入→导入到库"命令，将素材文件 8-2-01.jpg 导入到"库"面板中，如右下图所示。

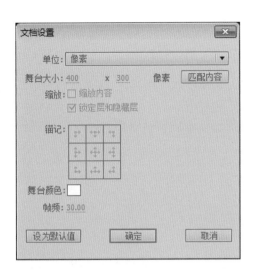

03 选择"属性"命令。在"库"面板中的图像上右击，在弹出的快捷菜单中选择"属性"命令，如左下图所示。

04 设置位图属性。打开"位图属性"对话框，单击"ActionScript"选项卡，勾选"为ActionScript 导出"复选框，在"类"文本框中输入"pic00"，完成后单击"确定"按钮，如右下图所示。

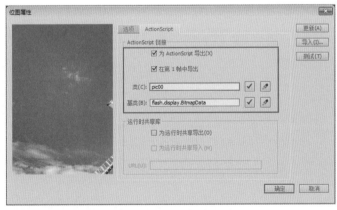

05 新建 ActionScript 文件。按快捷键【Ctrl+N】，打开"新建文档"对话框，选择"ActionScript 文件"选项，完成后单击"确定"按钮，如左下图所示。

06 输入代码。按快捷键【Ctrl+S】将其保存为 waveclass.as。在 waveclass.as 文件中输入如下代码，如右下图所示。

```
package {
    import flash.display.*;
    import flash.events.*;
    import flash.filters.ConvolutionFilter;
    import flash.filters.DisplacementMapFilter;
    import flash.geom.*;
    import flash.net.URLRequest;
    public class waveclass extends Sprite {
        private var mouseDown:Boolean=false;
        private var damper,result,result2,source,buffer,output,surface:Bit
mapData;
        var pic:Bitmap;
        private var bounds:Rectangle;
        private var origin:Point;
        private var matrix,matrix2:Matrix;
        private var wave:ConvolutionFilter;
        private var damp:ColorTransform;
        private var water:DisplacementMapFilter;
        //
        private var imgW:Number=400;
        private var imgH:Number=300;

        public function waveclass () {
            super ();
            buildwave ();
        }
        private function buildwave () {
            damper=new BitmapData(imgW, imgH, false, 128);
            result=new BitmapData(imgW, imgH, false, 128);
            result2=new BitmapData(imgW*2, imgH*2, false, 128);
            source=new BitmapData(imgW, imgH, false, 128);
            buffer=new BitmapData(imgW, imgH, false, 128);
            output=new BitmapData(imgW*2, imgH*2, true, 128);
            bounds=new Rectangle(0, 0, imgW, imgH);
            origin=new Point();
            matrix=new Matrix();
            matrix2=new Matrix();
            matrix2.a=matrix2.d=2;
            wave=new ConvolutionFilter(3, 3, [1, 1, 1, 1, 1, 1, 1, 1, 1], 9, 0);
            damp=new ColorTransform(0, 0, 9.960937E-001, 1, 0, 0, 2, 0);
            water=new DisplacementMapFilter(result2, origin, 4, 4, 48, 48);
            var _bg:Sprite=new Sprite();
            addChild (_bg);
            _bg.graphics.beginFill (0xFFFFFF,0);
            _bg.graphics.drawRect (0,0,imgW,imgH);
```

```
            _bg.graphics.endFill ();
            addChild (new Bitmap(output));
            buildImg ();
        }
        private function frameHandle (_e:Event):void {

            var _x:Number=mouseX/2;
            var _y:Number=mouseY/2;
            source.setPixel (_x+1, _y, 16777215);
            source.setPixel (_x-1, _y, 16777215);
            source.setPixel (_x, _y+1, 16777215);
            source.setPixel (_x, _y-1, 16777215);
            source.setPixel (_x, _y, 16777215);
            result.applyFilter (source, bounds, origin, wave);
            result.draw (result, matrix, null, BlendMode.ADD);
            result.draw (buffer, matrix, null, BlendMode.DIFFERENCE);
            result.draw (result, matrix, damp);
            result2.draw (result, matrix2, null, null, null, true);
            output.applyFilter (surface, new Rectangle(0, 0, imgW, imgH),
origin, water);
            buffer=source;
            source=result.clone ();
        }
        private function buildImg ():void {
            surface=new pic00(10,10);
            addEventListener (Event.ENTER_FRAME,frameHandle);
        }
    }
}
```

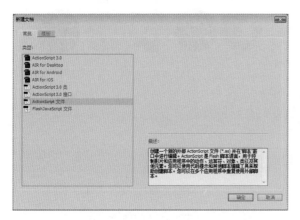

07 设置类名称。返回主场景中，打开"属性"面板，在"类"文本框中输入"waveclass"，如左下图所示。

08 **完成效果。**保存动画文件，然后按快捷键【Ctrl+Enter】预览动画，使用鼠标划过图片，图片上产生阵阵的波纹效果，如右下图所示。

Example 03 把网页擦出来

案例展示 >>>

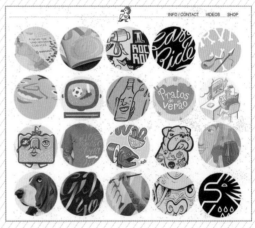

光盘路径
素材文件：光盘素材 \ 素材文件 \ 第 8 章 \ Example 03\8-3-01.jpg
结果文件：光盘素材 \ 结果文件 \ 第 8 章 \ Example 03\8-3.fla
多媒体教学文件：光盘素材 \ 教学文件 \ 第 8 章 \ Example 03\8-3.avi

设计分析 >>>

难易难度： ★★☆☆☆

操作提示： 本例主要通过转换影片剪辑、设置影片剪辑实例名和添加 Action Script 代码来制作。

技能要点： 转换影片剪辑元件、设置影片剪辑实例名、添加 Action Script 代码。

步骤详解 >>>

01 设置动画属性。新建一个 Flash 空白文档。执行"修改→文档"命令，打开"文档设置"对话框，将"舞台大小"设置为 750×636 像素，"帧频"设置为 40，设置完成后单击"确定"按钮，如左下图所示。

02 导入图像。执行"文件→导入→导入到舞台"命令，将素材文件 8-3-01.jpg 导入到舞台中，如右下图所示。

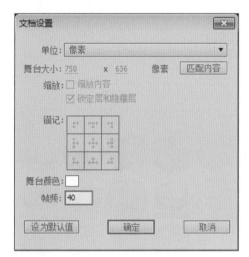

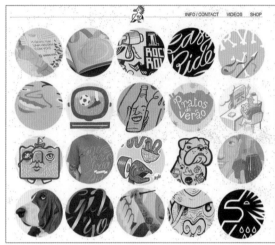

03 转换元件。选择导入的图片，按【F8】键，打开"转换为元件"对话框，在"名称"文本框中输入元件的名称"pic"，在"类型"下拉列表中选择"影片剪辑"选项，如左下图所示。完成后单击"确定"按钮。

04 设置实例名称。保持元件的选中状态，打开"属性"面板，将其实例名称设置为 imageMC，如右下图所示。

05 复制并打散文字。新建图层 2，选中图层 2 的第 1 帧，打开"动作"面板，在面板中输入如下代码，如左下图所示。

```
var container:Sprite=new Sprite();
addChild (container);
imageMC.mask=container;
container.graphics.moveTo (mouseX, mouseY);
addEventListener (Event.ENTER_FRAME, enterFrameHandler);
function enterFrameHandler (e:Event):void {
    container.graphics.beginFill(0xff0000);
    container.graphics.drawRect(mouseX-50, mouseY-50, 100, 100);
    container.graphics.endFill();
}
Mouse.hide();
```

06 完成效果。保存文件并按快捷键【Ctrl+Enter】，欣赏最终效果，如右下图所示。

Example 04　右键快捷菜单

案例展示 >>>

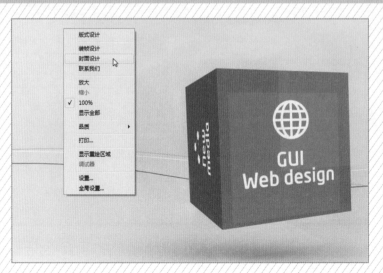

光盘路径

素材文件：光盘素材＼素材文件＼第 8 章＼Example 04\8-4-01.jpg
结果文件：光盘素材＼结果文件＼第 8 章＼Example 04\8-4.fla
多媒体教学文件：光盘素材＼教学文件＼第 8 章＼Example 04\8-4.avi

设计分析 ＞＞＞

难易难度：★★★★☆

操作提示：本例通过导入图像并添加 Action Script 代码来制作。

技能要点：设置动画属性、导入图像、添加 Action Script 代码。

步骤详解 ＞＞＞

01 设置动画属性。新建一个 Flash 空白文档。执行"修改→文档"命令，打开"文档设置"对话框，将"舞台大小"设置为 800×530 像素，设置完成后单击"确定"按钮，如左下图所示。

02 导入图像。执行"文件→导入→导入到舞台"命令，将素材文件 8-4-01.jpg 导入到舞台中，如右下图所示。

03 添加代码。新建图层 2，选中该层的第 1 帧，按【F9】键打开"动作"面板，在"动作"面板中添加如下代码，如左下图所示。

```
var bl:Array=new Array();
var myurl:URLRequest=new URLRequest("bl");
var zcdl:ContextMenu=new ContextMenu();
var nzcd:ContextMenuBuiltInItems=new ContextMenuBuiltInItems();
var wz:ContextMenuItem=new ContextMenuItem("版式设计");
var wz1:ContextMenuItem=new ContextMenuItem("装帧设计");
var wz2:ContextMenuItem=new ContextMenuItem("封面设计");
var wz3:ContextMenuItem=new ContextMenuItem("联系我们");
zcdl.builtInItems=nzcd;
zcdl.customItems.push(wz);
zcdl.customItems.push(wz1);
zcdl.customItems.push(wz2);
zcdl.customItems.push(wz3);
```

```
wz1.separatorBefore=true;
this.contextMenu=zcdl;
wz.addEventListener(ContextMenuEvent.MENU_ITEM_SELECT,j);
wz1.addEventListener(ContextMenuEvent.MENU_ITEM_SELECT,jj);
function j(e) {
 myurl.url=bl[1];
 navigateToURL(myurl,"_blank");
}
function jj(e) {
 myurl.url=bl[2];
 navigateToURL(myurl,"_blank");
}
```

04 **完成效果**。保存文件，按快捷键【Ctrl+Enter】，欣赏本例的完成效果，在动画中右击将弹出快捷菜单，如右下图所示。

Example 05 不停旋转的 3d 菜单

案例展示 >>>

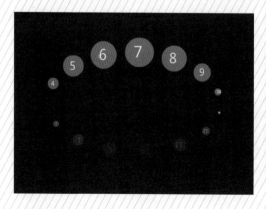
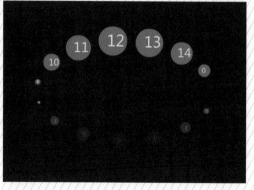

光盘路径

素材文件：无
结果文件：光盘素材 \ 结果文件 \ 第 8 章 \ Example 05\8-5.fla
多媒体教学文件：光盘素材 \ 教学文件 \ 第 8 章 \ Example 05\8-5.avi

设计分析 >>>

步骤详解 >>>

01 设置动画属性。新建一个 Flash 空白文档。执行"修改→文档"命令，打开"文档设置"对话框，将"舞台颜色"设置为黑色，将"帧频"设置为 35，完成后单击"确定"按钮，如左下图所示。

02 新建元件。执行"插入→新建元件"命令，打开"创建新元件"对话框，在"名称"文本框中输入元件的名称"Item"，在"类型"下拉列表中选择"影片剪辑"选项，完成后单击"确定"按钮，如右下图所示。

03 绘制圆形。单击"椭圆工具"，在工作区域中绘制一个无边框、填充为红色（#EA4A3D）的圆形，如左下图所示。

04 输入动态文本。新建图层 2，使用"文本工具" T 在圆形上单击创建一个动态文本，并输入数字"9"，如右下图所示。

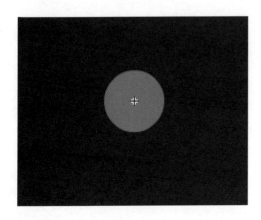

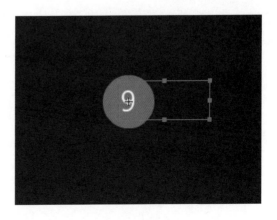

05 设置实例名。打开"属性"面板，为动态文本设置实例名"itemText"，如左下图所示。

06 选择"属性"命令。打开"库"面板，在影片剪辑元件"Item"上右击，在弹出的快捷菜单中选择"属性"命令，如右下图所示。

07 勾选"为 ActionScript 导出"复选框。打开"元件属性"对话框，单击 高级 下拉按钮，勾选"为 ActionScript 导出"复选框，完成后单击"确定"按钮，如左下图所示。

08 新建 ActionScript 文件。按快捷键【Ctrl+N】打开"新建文档"对话框，选择"ActionScript 文件"选项，单击"确定"按钮，如右下图所示。

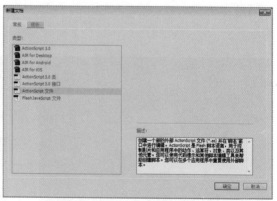

09 添加代码。按快捷键【Ctrl+S】将其保存为 Item.as，然后在 Item.as 中添加如下代码，如左下图所示。

```
package {
    import flash.display.MovieClip;
    public dynamic class Item extends MovieClip {
        public function Item() {
        }
    }
}
```

10 添加代码。返回主场景，选择图层 1 的第 1 帧，在"动作"面板中添加如下代码，如右下图所示。

```
var centerX:Number = stage.stageWidth / 2;
var centerY:Number = stage.stageHeight / 2;
var NUMBER_OF_ITEMS:uint = 15;
var radiusX:Number = 200;
var radiusY:Number = 100;
var angleDifference:Number = Math.PI * (360 / NUMBER_OF_ITEMS) / 180;
var angleSpeed:Number = 0;
var scaleSpeed:Number = 0.0002;
var itemVector:Vector.<Item> = new Vector.<Item> ;
for (var i:uint = 0; i < NUMBER_OF_ITEMS; i++) {
    var item:Item = new Item();
    var startingAngle:Number = angleDifference*i;
    item.x = centerX + radiusX * Math.cos(startingAngle);
    item.y = centerY + radiusY * Math.sin(startingAngle);
    item.angle = startingAngle;
    item.itemText.text = i.toString();
    item.mouseChildren = false;
    itemVector.push(item);
    addChild(item);
}

addEventListener(Event.ENTER_FRAME, enterFrameHandler);
function enterFrameHandler(e:Event):void {
    angleSpeed = (mouseX - centerX) / 5000;
    for (var i:uint = 0; i < NUMBER_OF_ITEMS; i++) {
        var item:Item = itemVector[i];
        item.angle += angleSpeed;
        item.x = centerX + radiusX * Math.cos(item.angle);
        item.y = centerY + radiusY * Math.sin(item.angle);
        var dy:Number = centerY - item.y;
        item.scaleY = (dy / radiusY);
        if (item.y<centerY) {
            item.scaleY *= 2;
        }
        item.scaleX = item.scaleY;
        item.alpha = item.scaleY + 1.1;
    }
}
```

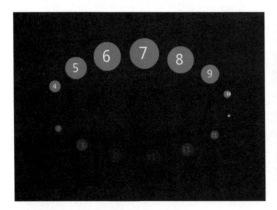
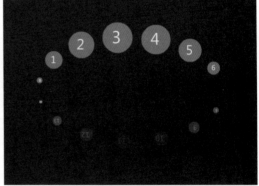

```
1  package {
2      import flash.display.MovieClip;
3      public dynamic class Item extends MovieClip {
4          public function Item() {
5          }
6      }
7  }
```

```
1   var centerX:Number = stage.stageWidth / 2;
2   var centerY:Number = stage.stageHeight / 2;
3   var NUMBER_OF_ITEMS:uint = 15;
4   var radiusX:Number = 200;
5   var radiusY:Number = 100;
6   var angleDifference:Number = Math.PI * (360 / NUMBER_OF_ITEMS) / 180;
7   var angleSpeed:Number = 0;
8   var scaleSpeed:Number = 0.0002;
9   var itemVector:Vector.<Item> = new Vector.<Item> ;
10  for (var i:uint = 0; i < NUMBER_OF_ITEMS; i++) {
11      var item:Item = new Item();
12      var startingAngle:Number = angleDifference*i;
13      item.x = centerX + radiusX * Math.cos(startingAngle);
14      item.y = centerY + radiusY * Math.sin(startingAngle);
15      item.angle = startingAngle;
16      item.itemText.text = i.toString();
17      item.mouseChildren = false;
18      itemVector.push(item);
19      addChild(item);
20  }
21
22  addEventListener(Event.ENTER_FRAME, enterFrameHandler);
23  function enterFrameHandler(e:Event):void {
24      angleSpeed = (mouseX - centerX) / 5000;
25      for (var i:uint = 0; i < NUMBER_OF_ITEMS; i++) {
26          var item:Item = itemVector[i];
27          item.angle += angleSpeed;
28          item.x = centerX + radiusX * Math.cos(item.angle);
29          item.y = centerY + radiusY * Math.sin(item.angle);
30          var dy:Number = centerY - item.y;
31          item.scaleY = (dy / radiusY);
32          if (item.y<centerY) {
33              item.scaleY *= 2;
34          }
35          item.scaleX = item.scaleY;
36          item.alpha = item.scaleY + 1.1;
37      }
38  }
```

11 完成效果。保存文件并按快捷键【Ctrl+Enter】，欣赏最终的效果，如下图所示。

Example 06 控制小兔动作

案例展示 〉〉〉

光盘路径

素材文件：光盘素材 \ 素材文件 \ 第 8 章 \ Example 06\8-6-01.png、8-6-02.png、8-6-03.png、8-6-04.jpg
结果文件：光盘素材 \ 结果文件 \ 第 8 章 \ Example 06\8-6.fla
多媒体教学文件：光盘素材 \ 教学文件 \ 第 8 章 \ Example 06\8-6.avi

设计分析 >>>

难易难度: ★★★★☆

操作提示: 本例通过 Action 技术来制作，当单击开始按钮时，小兔立刻活动起来；当单击停止按钮时，小兔立即静止的效果。

技能要点: 创建按钮元件、添加 Action Script 代码。

步骤详解 >>>

01 设置动画属性。在 Flash CC 中新建一个 Flash 空白文档。执行"修改→文档"命令，打开"文档设置"对话框，将"舞台大小"设置为 680×480 像素，"帧频"设置为 12，设置完成后单击"确定"按钮，如左下图所示。

02 插入空白关键帧。分别选中时间轴上的第 2 帧与第 3 帧，插入空白关键帧，如右下图所示。

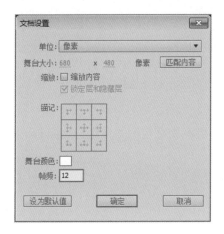

03 导入图像。选中第 1 帧，执行"文件→导入→导入到舞台"命令，将素材文件 8-6-01.png 导入到舞台中，如左下图所示。

04 导入图像。选中第 2 帧，执行"文件→导入→导入到舞台"命令，将素材文件 8-6-02.png 导入到舞台中，如右下图所示。

05 导入图像。选中第 3 帧，执行"文件→导入→导入到舞台"命令，将素材文件 8-6-03.png 导入到舞台中，如左下图所示。

06 创建按钮元件。执行"插入→新建元件"命令，打开"创建新元件"对话框，在"名称"文本框中输入元件的名称"播放"，在"类型"下拉列表中选择"按钮"选项，完成后单击"确定"按钮，如右下图所示。

07 设置边角半径。在按钮元件的编辑状态下，单击"矩形工具" ，在"属性"面板的"边角半径"文本框中将边角半径设置为 9，如左下图所示。

08 绘制圆角矩形。在工作区域中绘制一个无边框、填充为红色的圆角矩形，如右下图所示。

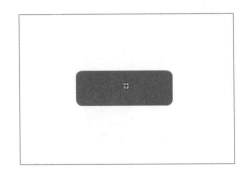

09 输入文字。单击文本工具 T，在圆角矩形上输入"Play"，字体选择为"Verdana"，字号大小为 28 磅，字体颜色为白色，如左下图所示。

10 创建按钮元件。执行"插入→新建元件"命令，打开"创建新元件"对话框，在"名称"

文本框中输入元件的名称"停止"，在"类型"下拉列表中选择"按钮"选项，完成后单击"确定"按钮，如右下图所示。

11 绘制圆角矩形并输入文字。在按钮元件的编辑状态下，单击"矩形工具" ▢，绘制一个边角半径设置为 9、无边框、填充为绿色的圆角矩形，然后单击"文本工具" **T**，在圆角矩形上输入"Stop"，字体选择为"Verdana"，字号大小为 28，字体颜色为白色，如左下图所示。

12 导入图像。返回主场景中，新建图层 2，将其拖动到图层 1 的下方，然后导入素材文件 8-6-04.jpg 到舞台中，如右下图所示。

13 拖动元件。新建图层 3，将"播放"按钮与"停止"按钮从"库"的面板中拖动到舞台上，如左下图所示。

14 设置实例名。单击舞台上的"播放"按钮，在"属性"面板上将它的实例名设置为"play_btn"，如右下图所示。

15 设置实例名。单击舞台上的"停止"按钮，在"属性"面板上将它的实例名设置为"pause_btn"如左下图所示。

16 添加代码。新建图层 4，选择该层的第 1 帧，在"动作"的面板中添加如下代码，如右下图所示。

```
play_btn.addEventListener(MouseEvent.CLICK, playMovie);
pause_btn.addEventListener(MouseEvent.CLICK, pauseMovie);
function playMovie(evt:MouseEvent):void{
play();
}
function pauseMovie(evt:MouseEvent):void{
stop();
}
```

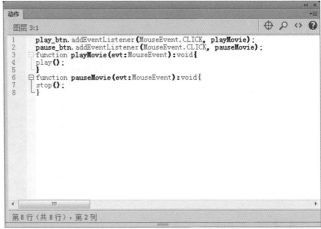

17 完成效果。保存文件并按快捷键【Ctrl+Enter】，欣赏最终效果，如下图所示。

学习小结

　　本章主要介绍了各种鼠标与菜单特效的制作方法，使读者掌握这些特效制作的一般思路和制作方法，利用鼠标与菜单的特性，还能制作出更多、更好的动画效果，制作方法也多种多样，希望读者在以后的学习制作过程中，广开思路，积极创新，相信一定可以制作出更多、更好的作品。

9

DESIGNER

Flash 网络广告动画设计

　　Flash 广告在网络广告应用中扮演着越来越重要的角色。在任意知名网站的网页中，我们都可以发现 Flash 广告的存在。凭借其强大的媒体支持功能和多样化的表现手段，可以用更直观的方式来表现广告的主体，此表现方式不仅效果极佳，而且更为广大的广告受众所接受。

知识讲解——行业知识链接

随着网络的发展，网络在媒体中的作用也越来越重要，Flash 广告则正好成为这种网络潮流的中坚力量，在网络广告中扮演着重要的角色，在任何一家知名网站中，几乎都能看到各种各样的 Flash 广告，下面将着重介绍 Flash 广告的特点及应用等。

Point 01　Flash 广告的特点

结合 Flash 广告在网络中的实际应用，我们可将其特点归纳为以下几点。

1. 适合网络传播

Flash 的特点就是它所生成的 swf 影片文件体积小，可满足于网络迅速传播的需求，将 Flash 动画嵌入到网页中也不会明显增加网页的数据量，在网络上可以迅速进行播放。

2. 表现形式丰富

Flash 的兼容性强，在 Flash 动画影片中可以加入位图、声音甚至是视频，所以使用 Flash 可以制作出各种各样的形式动画影片，以达到更好地表现 Flash 广告的内容。

3. 强大的交互功能

使用 Flash 动画制作的广告具有交互功能，通过使用 Action 还可以实现很多丰富的效果，观者可以通过在影片中单击鼠标来获取需要的信息，或者通过在影片中设置超链接，使用户在单击某个区域后可以转到另一个页面，以了解更详尽的资料。

4. 针对性强

Flash 广告一般篇幅都比较短小，针对广告内容的特点，选择最适合的表现手法，既可以表现产品的精神内涵，又可以直观地表现产品的造型及特点等，这使得观者能更确切地了解广告中的内容，也使得 Flash 广告称为网络媒体的首选。

Point 02　Flash 广告的应用

目前，Flash 广告的应用领域还主要体现在网络应用方面，即网页广告应用。这是由 Flash 动画的基本特点所决定。尽管也有部分优秀的广告作品以公益广告和片头动画的形式出现在电视媒体上，但其最大的广告重心仍然在网络商业应用方面，并将继续以此为中心发展并壮大。Flash 广告的应用主要包括以下几点。

1. 宣传某项内容

主要是对某项内容进行宣传，以扩大其影响范围和知名度，如对某品牌、产品、机构、人物等进行宣传，当然公益广告也属于这一领域。

2．作为链接的标志

此类 Flash 广告一般信息量较少，主要起到一个引导的作用，观者如果对 Flash 广告中的内容感兴趣，可以使用鼠标单击影片中的某些内容，即可自动转到另一个页面，以达到宣传和展示的目的。

3．用于展示某些产品

此类 Flash 广告一般都简洁明了，主要介绍产品的功能及特点，其内容一般都是新产品的推出或某些商品的促销，这类产品一般的用户都已经相当的了解，而且是比较热门的商品。

Point 03　Flash 广告的基本类型

对网络中 Flash 广告的类型根据不同的标准有很多的分类，在这里我们根据 Flash 广告在网页中的出现方式来对其进行分类，主要有以下的几种划分方式。

1．普通 Flash 广告条

此类广告一般都会直接嵌入在网页内，用户打开网页即可浏览到此 Flash 广告，这种广告的特点是体积一般较小，不会占用太大的页面空间，而且不会对网页的浏览速度造成太大的影响。

2．弹出式 Flash 广告

此类广告是指在打开网页的过程中会自动弹出 Flash 广告，包括在网页内部展开和在新窗口中打开两种，在网页内部展开的 Flash 广告一般在一段时间之后会自动返回，而在新窗口中打开的 Flash 广告一般需要用户单击才可关闭。

3．网站片头广告

网站片头广告是指在进入网站之前播放的一段广告，这类广告在一些商业性的网站中应用较多。

Point 04　Flash 广告的制作流程

在制作 Flash 广告时，一般需要以下的步骤。

1．确定广告的内容

在制作 Flash 广告之前，应当了解和确定广告的内容，包括了解其造型、特点及使用等，还包括确定要达到何种广告的效果等。

2．构思广告的结构

在确定内容及主题后，即需要构思广告的整个框架，包括选择何种形式、使用哪些素材、如何表现等。

3．收集素材

构思结束后，即可收集所需要的素材，一般包括产品的照片及影片中需要的声音等。

4．编辑动画及发布

这是制作动画中最重要的一环，将构思转化为实际的视觉效果，在编辑动画时，将各种素材进行有效的组合，并使用各种不同的方法来制作各种丰富的动画效果，制作结束后可测试动画效果，直至将动画修改到满意为止，之后即可发布动画影片。

实战应用——上机实战训练

下面，给读者介绍一些经典的 Flash 网络广告动画设计，希望读者能跟着我们的讲解，一步一步地做出与书同步的效果。

Example 01　网络游戏宣传广告

案例展示 》》》

光盘路径　素材文件：光盘素材 \ 素材文件 \ 第 9 章 \ Example 01\9-1-01.jpg、9-1-02.png
结果文件：光盘素材 \ 结果文件 \ 第 9 章 \ Example 01\9-1.fla
多媒体教学文件：光盘素材 \ 教学文件 \ 第 9 章 \ Example 01\9-1.avi

设计分析 》》》

难易难度： ★ ★ ★ ☆ ☆

操作提示： 本例主要通过转换元件、创建动作补间动画与创建遮罩动画来制作。

技能要点： 转换元件、创建动作补间动画、创建遮罩动画。

步骤详解 》》》

01 设置动画属性。新建一个 Flash 空白文档。执行"修改→文档"命令，打开"文档设置"对话框，将 "舞台大小"设置为 738×170 像素，"舞台颜色"设置为黑色，"帧频"设置为 33，设置完成后单击"确定"按钮，如左下图所示。

02 新建元件。执行"插入→新建元件"命令，打开"创建新元件"对话框。在"名称"文本框中输入元件的名称"光晕"，在"类型"下拉列表中选择"影片剪辑"选项，如右下图所示。

03 设置颜色。执行"窗口→颜色"命令，打开"颜色"面板，将填充样式设置为"径向渐变"，接着添加 4 个颜色色块，将填充颜色全部设置为白色，将各颜色色块的透明度依次设置为 100%、10%、33%、0%，如左下图所示。

04 设置笔触颜色。单击"椭圆工具" ，在"属性"面板中设置"笔触颜色"为"无"，如右下图所示。

05 绘制正圆并调整。按住【 Shift 】键，并在工作区域中按住鼠标左键拖动绘制一个正圆形，然后单击"渐变变形工具" 对正圆的填充位置进行调整，如左下图所示。

06 组合图形。选中所绘制的圆，执行"修改→组合"命令（组合快捷键：【 Ctrl+G 】）将其组合，如右下图所示。

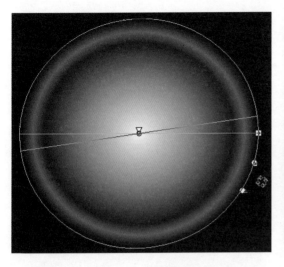

07 导入图像。单击  按钮返回场景 1，执行"文件→导入→导入到舞台"命令，将素材文件 9-1-01.jpg 导入到舞台中，如左下图所示。

08 转换元件。选择导入的图像，按【F8】键将其转换为名称为"图片"的影片剪辑元件，如右下图所示。

大师点拨
→　　　为什么要将图片转换为影片剪辑元件

只有将图片转换为影片剪辑元件后，才能对其添加滤镜等属性。

09 选择"模糊"命令。选中图像，打开"属性"面板，单击"添加滤镜"按钮 ，在弹出的菜单中选择"模糊"命令，如左下图所示。

10 设置模糊值。将"模糊 X"与"模糊 Y"设置为 9 像素，在"品质"下拉列表中选择"中"选项，如右下图所示。

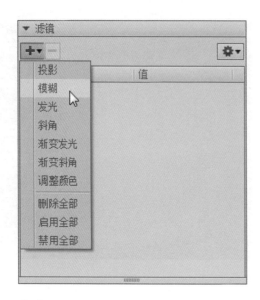

11 删除滤镜。在时间轴的第60帧处插入关键帧，选中该帧处的图像，打开"属性"面板，单击"删除滤镜"按钮 ■ ，将"模糊"滤镜删除，如左下图所示。

12 创建补间动画。在时间轴上的第1帧与第60帧之间选择任意一帧，右击，在弹出的快捷菜单中选择"创建传统补间"命令，如右下图所示。即可在第1帧与第60帧之间创建动作补间动画。

技能拓展
→ 　使用菜单命令创建动画

选择时间轴上需要创建动画两帧之间的任意一帧，执行"插入→传统补间"命令，这样也能创建动作补间动画。

13 插入帧与关键帧。选择"图层1"的第220帧，右击，在弹出的快捷菜单中选择"插入帧"命令，在该帧处插入帧。新建"图层2"，选择该层的第60帧，右击，在弹出的快捷菜单中选择"插入关键帧"命令，在该帧处插入关键帧，如下图所示。

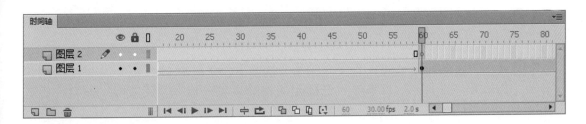

技能拓展
→　插入帧与关键帧的快捷方式

按【F5】键可以快速插入帧；按【F6】键可以快速插入关键帧。

14 拖动元件。按快捷键【Ctrl+L】打开"库"面板，从"库"面板中将"光晕"影片剪辑元件拖曳到舞台中，如左下图所示。

15 移动元件。在"图层 2"的第 100 帧处插入关键帧，将该帧中的"光晕"元件向左上方移动，然后在第 60 帧与第 100 帧之间创建动作补间动画，如右下图所示。

16 输入文字。新建"图层 3"，在该层的第 60 帧处插入关键帧，使用"文本工具" T ，在舞台上输入文字"逍遥江湖录"，在"属性"面板中设置文字的字体为"微软雅黑"，"大小"为 41 磅，"颜色"为白色，"字母间距"为 4，如左下图所示。

17 绘制矩形。新建"图层 4"，在该层的第 60 帧处插入关键帧，使用"矩形工具" ，在文字的左侧绘制一个无边框，填充色随意的矩形，如右下图所示。

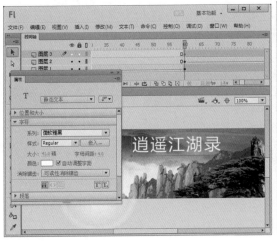
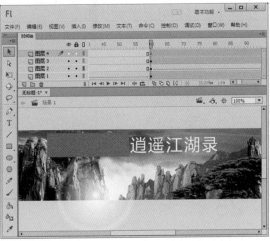

18 移动矩形。在"图层 4"的第 100 帧处插入关键帧，然后将该帧处的矩形向右移动到完全遮住文字，如左下图所示。

19 选择"遮罩层"命令。在"图层 4"的第 60 帧与第 100 帧之间创建动作补间动画，然后在"图层 4"上右击，在弹出的快捷菜单中选择"遮罩层"命令，如右下图所示。

 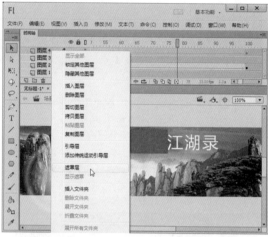

大师点拨

→ 遮罩动画的原理

遮罩动画是指使用Flash中遮罩层的作用而形成的一种动画效果。遮罩动画的原理就在于被遮盖的就能被看到，没被遮盖的反而看不到。遮罩效果在Flash动画中被使用的频率很高，常会做出一些意想不到的效果。

在Flash中，使用遮罩层可以制作出特殊的遮罩动画效果，例如，聚光灯效果。如果将遮罩层比作聚光灯，那么当遮罩层移动时，它下面被遮罩的对象就像被灯光扫过一样，被灯光扫过的地方清晰可见，没有被扫过的地方将看不见。另外，一个遮罩层还可以同时遮罩几个图层，从而产生出各种特殊的效果。

20 导入图像。新建"图层 5"，在该层的第 101 帧处插入关键帧，执行"文件→导入→导入到舞台"命令，将素材文件 9-1-02.png 导入到舞台中，如左下图所示。

21 绘制矩形。新建"图层 6"，在该层的第 101 帧处插入关键帧，使用"矩形工具" ，在按钮的左侧绘制一个无边框、填充色随意的矩形，如右下图所示。

22 放大矩形。在"图层 6"的第 120 帧处插入关键帧，然后单击"任意变形工具" ，将该帧处的矩形放大至完全遮住按钮，如左下图所示。

23 选择"遮罩层"命令。在"图层 6"的第 101 帧与第 120 帧之间创建动作补间动画，然后在"图层 6"上右击，在弹出的快捷菜单中选择"遮罩层"命令，如右下图所示。

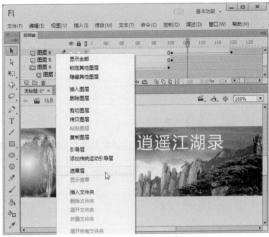

24 完成效果。保存文件，按快捷键【Ctrl+Enter】，欣赏本例的完成效果，如下图所示。

Example 02　服饰竖条广告

案例展示 >>>

光盘路径　素材文件：光盘素材 \ 素材文件 \ 第 9 章 \ Example 02\9-2-01.jpg、9-2-02.jpg、9-2-03.jpg、1.mp3
　　　　　结果文件：光盘素材 \ 结果文件 \ 第 9 章 \ Example 02\9-2.fla
　　　　　多媒体教学文件：光盘素材 \ 教学文件 \ 第 9 章 \ Example 02\9-2.avi

设计分析 ≫≫

难易难度： ★ ★ ★ ☆ ☆

操作提示： 本例主要通过转换元件、添加声音文件来制作。

技能要点： 转换元件、添加声音文件。

步骤详解 ≫≫

01 设置动画属性。新建一个 Flash 空白文档。执行"修改→文档"命令，打开"文档设置"对话框，将"舞台大小"设置为 150×428 像素，"帧频"设置为 12，设置完成后单击"确定"按钮，如左下图所示。

02 导入图像。执行"文件→导入→导入到舞台"命令，将素材文件 9-2-01.jpg 导入到舞台中，如右下图所示。

03 转换元件并插入关键帧。选中舞台上的图片，将其转换为图形元件，图形元件的名称保持为默认。分别在时间轴上的第 18 帧、第 29 帧与第 78 帧处按【F6】键，插入关键帧，如左下图所示。

04 设置高级属性。选中第 78 帧处的图片，在"属性"面板上"样式"下拉列表中选择"高级"选项，并进行右下图所示的设置。最后在第 29 帧与第 78 帧之间创建补间动画，完成后单击"确定"按钮。

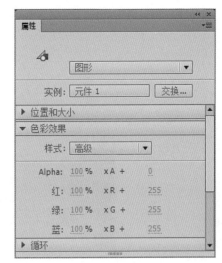

05 设置 Alpha 值。选中第 1 帧处的图片，在"属性"面板上的"样式"下拉列表中选择"Alpha"选项，并将 Alpha 值设置为 29%，如左下图所示。最后在第 1 帧与第 18 帧之间创建补间动画。

06 输入文字。新建图层 2。单击"文本工具" T ，在舞台的左侧输入红色的文字"美丽自由把握"，如右下图所示。

07 移动文字。在图层 2 的第 18 帧处插入关键帧，将该帧处的文字向右移动到图片的中间位置，然后在第 1 帧与第 18 帧之间创建补间动画，如左下图所示。

08 插入空白关键帧。选择图层 2 的第 67 帧，右击，在弹出的快捷菜单中选择"插入空白关键帧"命令，在该帧处插入空白关键帧，如右下图所示。

技能拓展
→ 插入空白关键帧的快捷方式

在时间轴上需要插入空白关键帧处按【F7】键即可快速插入空白关键帧。

09 导入图像。新建图层 3，在图层 3 的第 65 帧处插入关键帧，导入素材文件 9-2-02. jpg 到舞台中，如左下图所示。

10 插入空白关键帧。选中舞台上的图像，将其转换为图形元件，图形元件的名称保持为默认。在图层 3 的第 78 帧处插入关键帧。然后选中图层 3 第 65 帧处的图片，在"属性"面板中将它的 Alpha 值设置为 0%，如右下图所示。最后在第 65 帧与第 78 帧之间创建补间动画。

11 设置高级属性。在图层 3 的第 97 帧与第 148 帧处插入关键帧。选中第 148 帧处的图片，在"属性"面板上"样式"的下拉列表中选择"高级"选项，然后进行左下图所示的设置。最后在第 97 帧与第 148 帧之间创建补间动画。

12 输入文字。将图层 3 拖到图层 2 的下方。在图层 2 的第 81 帧处插入关键帧，单击文本工具"T"，在舞台的右侧输入黄色的文字"时尚唯美主义"，如右下图所示。

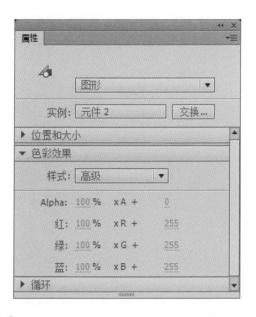

13 移动文字。在图层 2 的第 102 帧与第 133 帧处插入关键帧。选中第 102 帧处的文字，将其移动到舞台上，选中第 133 帧处的文字，将其移动到舞台的左侧。然后分别在第 81 帧与第 102 帧之间，第 102 帧与第 133 帧之间创建补间动画。最后在图层 2 的第 134 帧处插入空白关键帧，如左下图所示。

14 导入图像。新建图层 4，在该层的第 134 帧处插入关键帧，导入素材文件 9-2-03.jpg 到舞台中，如右下图所示。

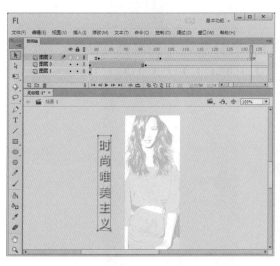

15 设置 Alpha 值。选中舞台上的图像，将其转换为图形元件，图形元件的名称保持为默认。在图层 4 的第 147 帧、第 168 帧与第 227 帧处插入关键帧。然后选中图层 4 第 134 帧处的图片，在"属性"面板中将它的 Alpha 值设置为 0%，如左下图所示。

16 设置高级属性。选中图层 4 第 227 帧处的图片，在"属性"面板上的"样式"下拉列表中选择"高级"选项，然后进行右下图所示的设置。最后在第 134 帧与第 147 帧之间，第 168 帧与第 227 帧之间创建补间动画。

 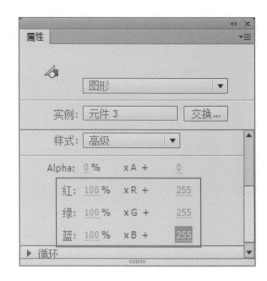

17 输入文字。新建图层 5，在该层的第 150 帧处插入关键帧。单击"文本工具" T，在图片上输入白色的文字"我的斯威缇服饰"，如左下图所示。

18 绘制矩形。新建图层 6，在该层的第 150 帧处插入关键帧，单击"矩形工具" ▣，在文字的上方绘制一个无边框，填充色为任意色的矩形，如右下图所示。

19 放大矩形。在图层 6 的第 159 帧插入关键帧，并将该帧处的矩形放大至完全遮盖住文字，如左下图所示。

20 选择"遮罩层"命令。在图层 6 的第 149 帧与第 159 帧之间创建形状补间动画，并在图层 6 上右击，在弹出的菜单中选择"遮罩层"命令，如右下图所示。

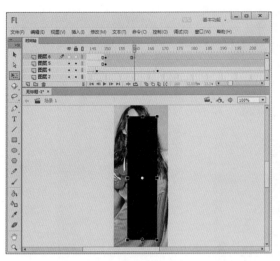 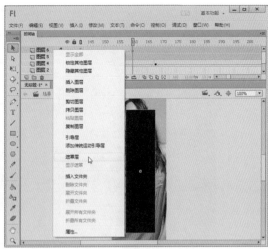

21 导入音乐文件。新建图层 7，执行"文件→导入→导入到库"命令，将音乐文件 1.mp3 导入到"库"面板中，如左下图所示。

22 选择音乐文件。选择图层 7 的第 1 帧，在"属性"面板的"名称"下拉列表框中选择刚才导入的音乐文件，如右下图所示。

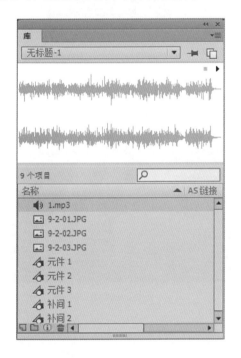 

大师点拨
→ **可导入Flash CC的声音格式**

Flash CC可以直接导入WAV声音（*.wav）、MP3声音（*.mp3）、AIFF声音（*.aif）、Midi格式（*.mid）等格式的声音文件。

23 完成效果。保存文件，按快捷键【Ctrl+Enter】，欣赏本例的完成效果，如下图所示。

Example 03　美食网站 Banner 条

案例展示 >>>

光盘路径

素材文件：光盘素材＼素材文件＼第 9 章＼Example 03＼9-3-01.jpg、9-3-02.jpg
结果文件：光盘素材＼结果文件＼第 9 章＼Example 03＼9-3.fla
多媒体教学文件：光盘素材＼教学文件＼第 9 章＼Example 03＼9-3.avi

设计分析 >>>

难易难度：★★☆☆☆

操作提示：本例主要通过转换图形元件、创建动画和新建场景来制作。

技能要点：转换图形元件、创建动画、新建场景。

步骤详解 >>>

01 设置动画属性。新建一个 Flash 空白文档，执行"修改→文档"命令，打开"文档设置"对话框，在对话框中将"舞台大小"设置为 580×322 像素，"舞台颜色"设置为黑色，在"帧频"文本框中输入 12，完成后单击"确定"按钮，如左下图所示。

02 导入图像。执行"文件→导入→导入到舞台"命令，将素材文件 9-3-01.jpg 导入到舞台中，如右下图所示。

03 设置 Alpha 值。选中舞台上的图片，将其转换为图形元件，图形元件的名称保持为默认。在时间轴上的第 15 帧处插入关键帧。将第 1 帧的图片 Alpha 值设置为 15%，最后在第 1 帧与第 15 帧之间创建补间动画，如左下图所示。

04 插入关键帧与帧。新建一个图层"文字 1"，在"文字 1"层的第 10 帧处插入关键帧，然后分别在图层 1 与"文字 1"层的第 100 帧处插入帧，如右下图所示。

05 输入文字。单击"文本工具" [T]，在"文字 1"层的第 10 帧处输入文字"美味不打折"，如左下图所示。

06 移动文字。在第 25 帧处插入关键帧，将该帧处的文字移动到舞台上右下图所示的位置处。

07 输入文字。在"文字1"层的第10帧与第25帧之间创建动画。新建一个图层"文字2"，在该层的第25帧处插入关键帧，单击"文本工具" T ，输入文字"好吃一百分"，如左下图所示。

08 设置Alpha值。选择文字，按【F8】键将其转换为图形元件，然后在图层"文字2"层的第56帧处插入关键帧，选择第25帧处的文字，在"属性"面板中将其Alpha值设置为0%，如右下图所示。

09 新建场景。在"文字2"层的第25帧与第56帧之间创建动画。然后执行"窗口→场景"命令（"场景"面板快捷键：【Shift+F2】），打开"场景"面板，在"场景"面板中单击"添加场景按钮" ，新增加一个场景2，如左下图所示。

10 导入图像。执行"文件→导入→导入到舞台"命令，将素材文件9-3-02.jpg导入到舞台中，如右下图所示。

大师点拨

→ 什么是场景

场景就是一段相对独立的动画。整个Flash动画可以由一个场景组成，也可以由几个场景组成。当动画中有多个场景时，整个动画就会按照场景的顺序进行播放。

11 输入文字。新建图层 2，单击"文本工具" T ，在舞台上输入黄色文字"一百分餐厅满 300 减 50"，如左下图所示。

12 移动文字。在图层 1 与图层 2 的第 100 帧处插入帧，新建图层 3，在第 10 帧处插入关键帧，输入绿色的文字"欢迎您的光临！"，如右下图所示。

13 绘制矩形。新建图层 4，在第 10 帧处插入关键帧，单击"矩形工具" ▣ ，在刚输入文字的左侧绘制一个无边框，填充色为任意色的矩形，如左下图所示。

14 移动矩形。在图层 4 的第 40 帧处插入关键帧，并将矩形向右移动至刚好遮住文字的位置，最后在第 10 帧与第 40 帧之间创建形状补间动画，如右下图所示。

15 选择"遮罩层"命令。在图层 4 上右击，在弹出的快捷菜单中选择"遮罩层"命令，如左下图所示。

16 完成效果。保存文件，按快捷键【Ctrl+Enter】，欣赏本例的完成效果，如右下图所示。

Example 04　家居网络广告

案例展示 >>>

光盘路径

素材文件: 光盘素材 \ 素材文件 \ 第 9 章 \ Example 04\9-4-01.jpg
结果文件: 光盘素材 \ 结果文件 \ 第 9 章 \ Example 04\9-4.psd
多媒体教学文件: 光盘素材 \ 教学文件 \ 第 9 章 \ Example 04\9-4.avi

设计分析 >>>

难易难度: ★★☆☆☆

操作提示: 本例通过导入图像、创建动画、设置旋转来制作。

技能要点: 导入图像、创建动画、设置旋转。

步骤详解 >>>

01 设置动画属性。新建一个 Flash 空白文档。执行"修改→文档"命令，打开"文档设置"对话框，将"舞台大小"设置为 700×430 像素，"帧频"设置为 12，设置完成后单击"确定"按钮，如左下图所示。

02 导入图像。执行"文件→导入→导入到舞台"命令，将素材文件 9-4-01.jpg 导入到舞台中，如右下图所示。

03 设置文字属性。单击"文本工具" T，然后在"属性"面板中设置文字的字体为"微软雅黑"，并将"大小"设置为 30 磅，"字体颜色"设置为蓝色，"字母间距"设置为 2，如左下图所示。

04 输入文字。新建"图层 2"，在舞台上输入文字"倡导时尚理念　引领精致生活"，如右下图所示。

05 绘制矩形。新建"图层 3"，使用"矩形工具" ▣ 在文字的中间位置处绘制一个无边框，填充色为任意色的矩形，如左下图所示。

06 放大矩形。在"图层 1"、"图层 2"、"图层 3"的第 100 帧处插入帧，在"图层 3"的第 35 帧处插入关键帧。然后选中"图层 3"第 35 帧中的矩形，将其放大至完全遮住文字，如右下图所示。

07 选择"遮罩层"命令。选中"图层 3"的第 1 帧，执行"插入→补间形状"命令，即可以为选择的关键帧创建形状补间动画。然后在"图层 3"上右击，在弹出的快捷菜单中选择"遮罩层"命令，如左下图所示。

08 输入文字。新建"图层 4"，在"图层 4"的第 36 帧处插入关键帧，使用"文本工具" T 在舞台的左上方输入"LLAA 家居"，在"属性"面板中设置文字的字体为"迷你简菱心"，"大小"为 26 磅，"颜色"为橙黄色，"字母间距"为 1，如右下图所示。

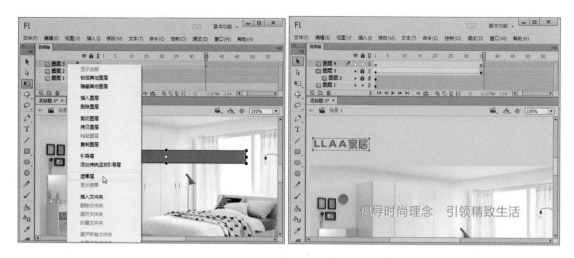

09 **移动文字**。在"图层4"的第66帧处插入关键帧，然后将该帧处的文字移动到舞台上，如左下图所示。然后在"图层4"的第36帧与第66帧之间创建动作补间动画。

10 **设置旋转**。选择"图层4"的第36帧，打开"属性"面板，在"旋转"下拉列表框中选择"顺时针"选项，如右下图所示。

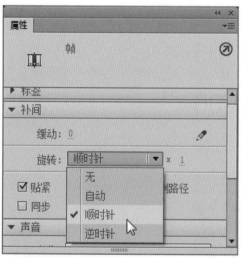

11 **完成效果**。保存文件，按快捷键【Ctrl+Enter】，欣赏本例的完成效果，如下图所示。

学习小结

　　本章介绍了 Flash 广告的基础知识与制作方法。利用 Flash 制作的商业广告是借助网络进行商品的推广和宣传，从而达到推动销售产品的目的。为商品制作广告，首先应该了解该商品的特点，然后针对其特点进行广告的创作，这样才能有效地突出该商品。制作一个好的广告需要有一个好的创意，更需要有很好的技术水平来将创意发挥到淋漓尽致。

CHAPTER

10

DESIGNER

Action 动画特效设计

Action Script 是 Flash 的脚本语言，用户可以使用它来创建具有交互性的动画，它极大地丰富了 Flash 动画的形式，同时也给创作者提供了无限的创意空间。

知识讲解——行业知识链接

在 Flash CC 中的 Action Script 3.0 更加强化了 Flash 的编程功能，进一步完善了各项的操作细节，让动画制作者更加得心应手。Action Script 3.0 可以帮助我们轻松实现对动画的控制，以及对象属性的修改等操作。还可以获取使用者的动作或资料、进行必要的数值计算及对动画中的音效进行控制等。

Point 01　Action Script 3.0 概述

Action Script 3.0 是一门功能强大、符合业界标准面向对象的一门编程语言。它在 Flash 编程语言中有着里程碑的作用，是用来开发富应用程序（RIA）的重要语言。

Action Script 3.0 在用于脚本撰写的国际标准化编程语言 ECMAScript 的基础之上，对该语言做了进一步的改进，可为开发人员提供用于丰富 Internet 应用程序（RIA）的可靠编程模型。开发人员可以获得卓越的性能并简化开发过程，便于利用非常复杂的应用程序、大的数据集和面向对象的、可重复使用的基本代码。Action Script 3.0 在 Flash Player 9 中新的 Action Script 虚拟机（AVM2）内执行，可为下一代 RIA 带来性能突破。

最初在 Flash 中引入 Action Script，目的是为了实现对 Flash 影片的播放控制。而 Action Script 发展到现今，其已经广泛地应用到了多个领域，能够实现丰富的应用功能。

Action Script 3.0 最基本的应用与创作工具 Flash CC 相结合，可以创建出各种不同的应用特效，实现丰富多彩的动画效果，使 Flash 创建的动画更加人性化，更具有弹性效果。

Point 02　Action Script 3.0 暂新的"动作"面板

如果要在 Flash CC 中加入 Action Script 3.0 代码，则可以直接使用"动作"面板来输入。在"动作"面板中可以为帧与各类元件等添加代码。

执行"窗口→动作"命令打开"动作"面板，如下图所示。

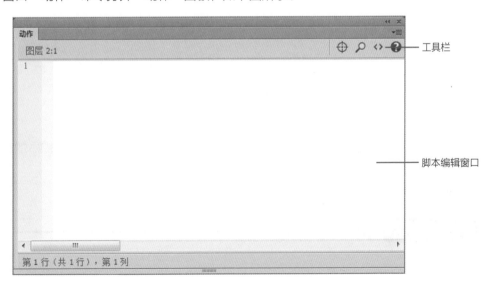

- 工具栏：工具栏中包括了创建代码时常用的一些工具。

  ➢ "插入实例路径和名称"按钮⊕，单击此按钮可以打开"插入目标路径"对话框，如左下图所示。在该对话框中可以选择需添加动作脚本的对象。

  ➢ "查找"按钮🔎：单击此按钮可以对脚本编辑窗格中的动作脚本内容进行查找和替换，如右下图所示。

  ➢ "代码片断"按钮<>：单击此按钮可以打开"代码片断"对话框，如下图所示。在此对话框中可以直接将 Action Script 3.0 代码添加到 FLA 文件中，实现常见的交互功能。

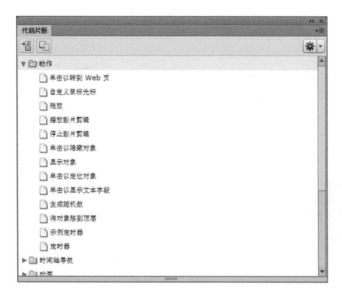

  ➢ "帮助"按钮❓：单击此按钮可以打开"帮助"面板来查看对动作脚本的用法、参数、相关说明等。

- 脚本编辑窗口：在脚本编辑窗口中，用户可以直接输入脚本代码。

Point 03　良好的编程习惯

运用良好的编程技巧编出的程序要具备以下条件：易于管理及更新、可重复使用及可扩充、代码精简。

要做到这些条件除了需从编写过程中不断地积累经验外，在学习初期养成好的编写习惯也是非常重要的。遵循一定的规则可以减少编程的错误，并能使编出的动作脚本程序更具可读性。

1．命名规则

在 Flash 制作中命名规划必须保持统一性和唯一性。任何一个实体的主要功能或用途都必须能够根据命名明显地看出来。因为 Action Script 是一个动态类型的语言，命名最好是包含有代表对象类型的后缀。

如：

- 影片名字：my_movie.swf。
- URL 实体：course_list_output。
- 组件或对象名称：chat_mc。
- 变量或属性：userName。

命名"方法"和"变量"时应以小写字母开头，命名"对象"和"对象的构造方法"应以大写字母开头。名称中可以包含数字和下画线，下画线后多为被命名者的类型。

下面列出一些非法的命名格式。

- flower/bee = true；// 包含非法字符 /。
- _number =5；// 首字符不能使用下画线。
- 5number = 0；// 首字符不能使用数字。
- & = 10；// 运算符号不能用于命名。

另外，Action Script 使用的保留字不能用来命名变量。

Action Script 是基于 ECMAScript，所以可以根据 ECMAScript 的规范来命名。

如：

- Studentnamesex = "female"；// 大小写混合的方式。
- STAR = 10；// 常量使用全部为大写。
- student_name_sex ="female"；// 全部为小写，使用下画线分割字串。
- MyObject=function(){}；// 构造函数。
- f = new MyObject()；// 对象。

2．给代码添加注释

使用代码注释能够使程序更清晰，增加其可读性。Flash 支持的代码注释方法有两种。

第 1 种：单行注释，通常用于变量的说明。在一行的代码结束后使用 //，将注释文字输入其后即可。只能输入一行的注释，如果注释文字过多，需要换行，可以使用下面介绍的"多行注释"。

第 2 种：多行注释，通常用于功能说明和大段文字的注释。在一段代码之后使用 /* 及 */，将注释文字输入两个 * 的中间，在这之间的文字可以是多行。

3. 保持代码的整体性

无论在什么情况下，都应该尽可能保证所有代码在同一个位置，这样使得代码更容易搜索和调试。在调试程序时很大的困难就是定位代码，所以为了便于调试通常都会把代码放在第 1 帧中，并且单独放在最顶层。如果在第 1 帧中集中了大量的代码，必须用注释标记区分，并在开头加上代码说明。

实战应用——上机实战训练

下面，给读者介绍一些经典的 Action 动画特效设计，希望读者能跟着我们的讲解，一步一步地做出与书同步的效果。

Example 01 雪花动画特效

案例展示 >>>

光盘路径

素材文件：光盘素材 \ 素材文件 \ 第 10 章 \ Example 01\10-1-01.jpg
结果文件：光盘素材 \ 结果文件 \ 第 10 章 \ Example 01\10-1.fla
多媒体教学文件：光盘素材 \ 教学文件 \ 第 10 章 \ Example 01\10-1.avi

设计分析 >>>

难易难度: ★★☆☆☆

操作提示: 本例使用转换为元件功能与 Action Script 技术来编辑制作。

技能要点: 转换为元件、设置色调、Action Script 技术。

步骤详解 >>>

01 设置动画属性。新建一个 Flash 空白文档。执行"修改→文档"命令，打开"文档设置"对话框，将"舞台大小"设置为 550×430 像素，"舞台颜色"设置为黑色，"帧频"设置为 12，设置完成后单击"确定"按钮，如左下图所示。

02 导入图像。执行"文件→导入→导入到舞台"命令，将素材文件 10-1-01.jpg 导入到舞台中，如右下图所示。

03 转换元件。选中舞台上的背景图像，按【F8】键将其转换为图形元件，如左下图所示。

04 设置色调。打开"属性"面板，在"样式"下拉列表框中选择"色调"选项。然后将图片的色调设置为黑色，透明度为 49%，如右下图所示。

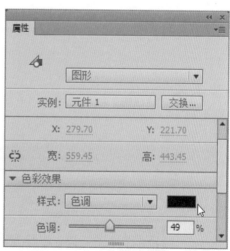

大师点拨 → 为什么要设置色调

调整背景图片的色调是为了表现下雪时天气十分严峻的效果。

05 添加代码。新建一个图层 2，选中该层的第 1 帧，在"动作"面板中添加如下代码，如左下图所示。

```
var 数组 :Array = new Array();
var 序号 :int = new int(0);
function 绘制雪球 (对象 :Sprite, 透明度 :Number) {
    对象 .graphics.clear();
    对象 .graphics.beginFill(0xFFFFFF, 透明度 );
    对象 .graphics.drawRoundRectComplex(0,0,10,10,5,5,5,5);
}
stage.addEventListener(Event.ENTER_FRAME, 创建雪球 );
function 创建雪球 (e:Event) {
    if (Math.ceil(Math.random() * 70) + 30 > 40) {
        数组 [ 序号 ] =  new MovieClip();
        绘制雪球 ( 数组 [ 序号 ], ((Math.ceil(Math.random() * 70)+30)/100));
        数组 [ 序号 ].x = Math.ceil(Math.random() * stage.stageWidth)
        数组 [ 序号 ].速度 = ((Math.ceil(Math.random() * 7)+3));
        数组 [ 序号 ].序号 = 序号 ;
        addChild( 数组 [ 序号 ]);
        数组 [ 序号 ].addEventListener(Event.ENTER_FRAME, 移动 );
        序号 ++;
    }
}
function 移动 (e:Event) {
    e.target.y +=  e.target.速度 ;
    if (e.target.y >= stage.stageHeight) {
        数组 [e.target.序号 ].removeEventListener(Event.ENTER_FRAME, 移动 );
        removeChild( 数组 [e.target.序号 ]);
    }
}
```

06 完成效果。执行"文件→保存"命令，保存文件，然后按快捷键【Ctrl+Enter】，输出测试影片，如右下图所示。

Example 02　神秘网页特效

案例展示 ⟫⟫

光盘路径　素材文件：光盘素材 \ 素材文件 \ 第 10 章 \ Example 02\10-2-01.jpg
结果文件：光盘素材 \ 结果文件 \ 第 10 章 \ Example 02\10-2.fla
多媒体教学文件：光盘素材 \ 教学文件 \ 第 10 章 \ Example 02\10-2.avi

设计分析 ⟫⟫

难易难度：★ ★ ★ ☆ ☆

操作提示：本例通过创建 Action Script 文件与添加 Action Script 代码来制作。

技能要点：创建 Action Script 文件、添加 Action Script 代码。

步骤详解 ⟫⟫

01 设置动画属性。新建一个 Flash 空白文档。执行"修改→文档"命令，打开"文档设置"对话框，将"舞台大小"设置为 810×500 像素，"舞台颜色"设置为黑色，设置完成后单击"确定"按钮，如左下图所示。

02 新建元件。执行"插入→新建元件"命令，打开"创建新元件"对话框。在"名称"文本框中输入 Star，在"类型"下拉列表中选择"影片剪辑"选项，完成后单击"确定"按钮，如右下图所示。

03 绘制五边形。使用"多角星形工具" ，在影片剪辑元件编辑区中绘制一个无边框，填充色为任意色，宽和高随意的五边形，如左下图所示。

04 选择"属性"命令。打开"库"面板，在影片剪辑元件"Star"上右击，在弹出的快捷菜单中选择"属性"命令，如右下图所示。

05 勾选"为 ActionScript 导出"复选框。打开"元件属性"对话框，单击 高级 ▼ 按钮，勾选"为 ActionScript 导出"复选框，完成后单击"确定"按钮，如左下图所示。

06 新建 ActionScript 文件。按快捷键【Ctrl+N】打开"新建文档"对话框，选择"ActionScript 文件"选项，单击"确定"按钮，如右下图所示。

07 添加代码。按快捷键【Ctrl+S】将 ActionScript 文件保存为 Star.as，然后在 Star.as 中输入如下代码，如左下图所示。

```
package {
        import flash.display.MovieClip;
        import flash.geom.ColorTransform;
        import flash.events.*;
        public class Star extends MovieClip {
                private var starColor:uint;
                private var starRotation:Number;
                public function Star () {
                        this.starColor = Math.random() * 0xffffff;
                          var colorInfo:ColorTransform = this.transform.
colorTransform;
                        colorInfo.color = this.starColor;
                        this.transform.colorTransform = colorInfo;
                        this.alpha = Math.random();
                        this.starRotation =  Math.random() * 10 - 5;
                        this.scaleX = Math.random();
                        this.scaleY = this.scaleX;
                        addEventListener(Event.ENTER_FRAME, rotateStar);
                }
                private function rotateStar(e:Event):void {
                        this.rotation += this.starRotation;
                }
        }
}
```

08 添加代码。返回主场景，在时间轴的第 1 帧中添加如下代码，如右下图所示。

```
for (var i = 0; i < 100; i++) {
        var star:Star = new Star();
        star.x = stage.stageWidth * Math.random();
        star.y = stage.stageHeight * Math.random();
        addChild (star);
}
```

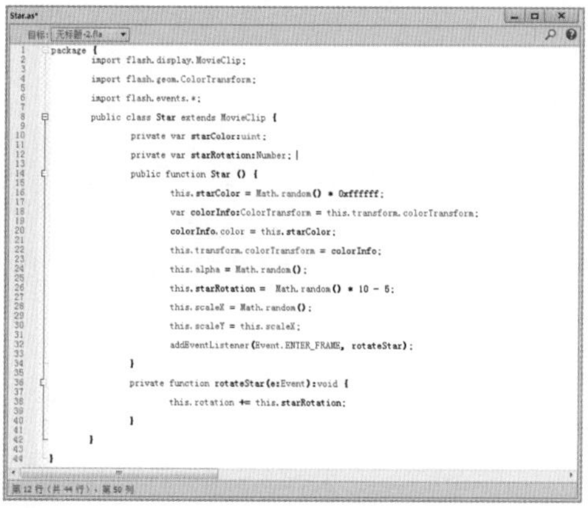

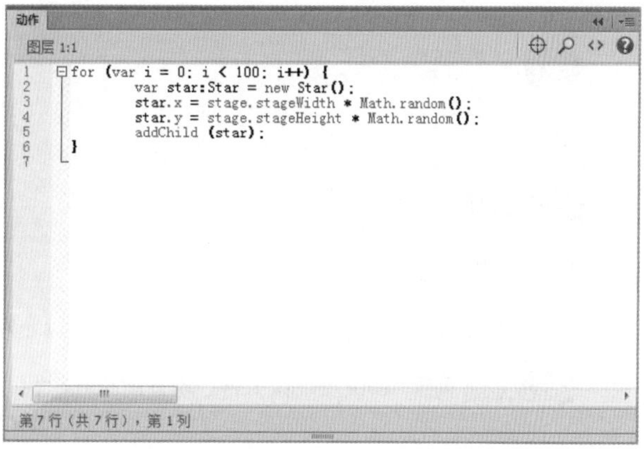

09 导入图像。新建图层 2，执行"文件→导入→导入到舞台"命令，将素材文件 10-1-01.jpg 导入到舞台中，并将图层 2 拖动到图层 1 的下方，如左下图所示。

10 完成效果。保存文件并按快捷键【Ctrl+Enter】，欣赏最终的效果，如右下图所示。

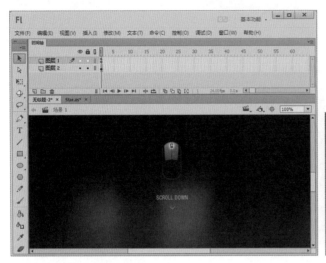
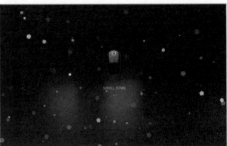

Example 03 多彩方块效果 ————————————

案例展示 >>>

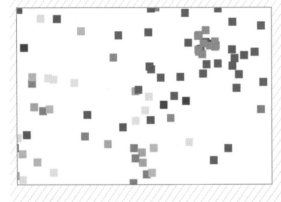
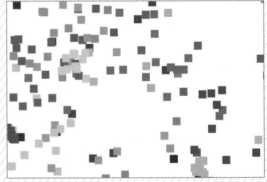

光盘路径
素材文件：无
结果文件：光盘素材 \ 结果文件 \ 第 10 章 \ Example 03\10-3.fla
多媒体教学文件：光盘素材 \ 教学文件 \ 第 10 章 \ Example 03\10-3.avi

设计分析 >>>

难易难度： ★★★☆☆

操作提示： 本例通过创建 Action Script 文件与添加 Action Script 代码来制作。

技能要点： 创建 Action Script 文件、添加 Action Script 代码。

步骤详解 >>>

01 设置动画属性。新建一个 Flash 空白文档，执行"修改→文档"命令，打开"文档设置"对话框，在对话框中将"舞台大小"设置为 600×400 像素，完成后单击"确定"按钮，如左下图所示。

02 新建元件。执行"插入→新建元件"命令，打开"创建新元件"对话框。在"名称"文本框中输入 Particle，在"类型"下拉列表中选择"影片剪辑"选项，完成后单击"确定"按钮，如右下图所示。

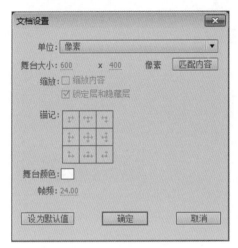

03 绘制正方形。使用"矩形工具" ▣，在影片剪辑元件编辑区中绘制一个无边框，填充色为任意色，宽和高为 15 像素的正方形，如左下图所示。

04 选择"属性"命令。打开"库"面板，在影片剪辑元件"Particle"上右击，在弹出的快捷菜单中选择"属性"命令，如右下图所示。

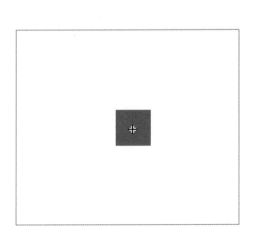

05 勾选"为 ActionScript 导出"复选框。打开"元件属性"对话框，单击 高级 ▼ 按钮，勾选"为 ActionScript 导出"复选框，完成后单击"确定"按钮，如左下图所示。

06 新建 ActionScript 文件。按快捷键【Ctrl+N】打开"新建文档"对话框，选择"ActionScript 文件"选项，完成后单击"确定"按钮，如右下图所示。

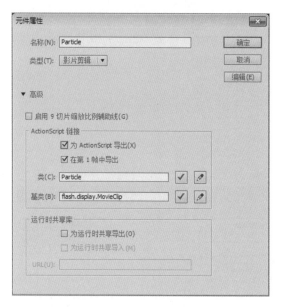

07 输入代码。按快捷键【Ctrl+S】将 ActionScript 文件保存为 Particle.as，然后在 Particle.as 中输入如下代码，如左下图所示。

```
package {
        import flash.display.MovieClip;
        public class Particle extends MovieClip {
                //We need different speeds for different particles.
                  //These variables can be accessed from the main movie,
because they are public.
                public var speedX:Number;
                public var speedY:Number;
                public var partOfExplosion:Boolean = false;
                function Particle ():void {
                }
        }
}
```

08 输入代码。返回主场景，在时间轴的第 1 帧中添加如下代码，如右下图所示。

```
import fl.motion.Color;
import flash.geom.ColorTransform;
var numberOfParticles:Number = 20;
var particlesArray:Array = new Array();
var numberOfExplosionParticles:uint = 10;
```

```
for (var i=0; i < numberOfParticles; i++) {

        var particle:Particle = new Particle();
        particle.speedX = 0;
        particle.speedY = 0;
        particle.y = Math.random() * stage.stageHeight;
        particle.x = Math.random() * stage.stageWidth;
        addChild (particle);
        particlesArray.push (particle);
}
startExplosions ();
function startExplosions ():void {

        //Select a random particle from an array
        var index = Math.round(Math.random() * (particlesArray.length-1));
        var firstParticle:Particle = particlesArray[index];

        //Set a random tint
        var ct:Color = new Color();
        ct.setTint (0xFFFFFF * Math.random(),1);

        //Create 10 new particles because of explosion
        for (var i=0; i < numberOfExplosionParticles; i++) {

                var particle:Particle = new Particle();

                /*Give random x and y speed to the particle.
                Math.random returns a random number n, where 0 <= n < 1. */
                particle.speedX = Math.random()*10 - 5 ;
                particle.speedY = Math.random()*10 - 5;

                //Apply the randomly selected tint to each particle
                particle.transform.colorTransform = ct;

                //Set the starting position
                particle.y = firstParticle.y;
                particle.x = firstParticle.x;

                //Particle is part of an explosion
                particle.partOfExplosion = true;

                 //Add the particle to the stage and push it to array for
```

later use.

```
                    addChild (particle);
                    particlesArray.push (particle);
            }
            //Let's remove the particle that exploded (remove from stage and
from the array)
            removeChild (firstParticle);
            particlesArray.splice (index,1);

            addEventListener (Event.ENTER_FRAME, enterFrameHandler);
    }


    //This function is responsible for the animation
    function enterFrameHandler (e:Event):void {

            //Loop through every particle
            for (var i=0; i < particlesArray.length; i++) {

                    var particleOne:Particle = particlesArray[i];

                    //Update the particle's coordinates
                    particleOne.y += particleOne.speedY;
                    particleOne.x += particleOne.speedX;

                    /*This loop calls a checkForHit function to find if the two
particles are colliding*/
                    for (var j:uint = i + 1; j < particlesArray.length; j++) {
                            var particleTwo:Particle = particlesArray[j];

                             /*Make sure the particles are on stage, only then
check for hits*/
                            if (contains(particleOne) && contains(particleTwo)) {
                                    checkForHit (particleOne, particleTwo);
                            }
                    }
            }
    }


    /*This function checks whether two particles have collided*/
    function checkForHit (particleOne:Particle, particleTwo:Particle):void {

            /*Let's make sure we only check those particles, where one is
```

```
moving and the other
            is stationary. We don' t want two moving particles to explode. */
            if ((particleOne.partOfExplosion == false && particleTwo.
partOfExplosion == true) ||
            particleOne.partOfExplosion == true && particleTwo.partOfExplosion
== false ) {

                //Calculate the distance using Pythagorean theorem
                var distanceX:Number = particleOne.x - particleTwo.x;
                var distanceY:Number = particleOne.y - particleTwo.y;
                    var distance:Number = Math.sqrt(distanceX*distanceX +
distanceY*distanceY);

                    /* If the distance is smaller than particle' s width, we
have a hit.
                    Note: if the particles were of different size, the
calculation would be:
                distance < ((particleOne.width / 2) + (particleTwo.width /
2))
                */
                if (distance < particleOne.width) {

                    //Set a random tint to the particles that explode
                    var ct:Color = new Color();
                    ct.setTint (0xFFFFFF * Math.random(),1);

                    //Create 10 new particles because of an explosion
                    for (var i=0; i < numberOfExplosionParticles; i++) {

                        var particle:Particle = new Particle();

                        particle.speedX = Math.random()*10 - 5 ;
                        particle.speedY = Math.random()*10 - 5;

                        //Apply tint
                        particle.transform.colorTransform = ct;

                        //Set the starting position
                        particle.y = particleOne.y;
                        particle.x = particleOne.x;

                        particle.partOfExplosion = true;
```

```
                                       //Add the particle to the stage and push
it to array for later use.
                              addChild (particle);
                              particlesArray.push (particle);
               }

                              /* Check which of the two particles was
stationary.
               We'll remove the one that was stationary.
               */
               if (particleOne.partOfExplosion == false) {
                                     var temp1 = particlesArray.
indexOf(particleOne);
                              particlesArray.splice (temp1,1);
                              removeChild (particleOne);
               }
               else {
                                     var temp2 = particlesArray.
indexOf(particleTwo);
                              particlesArray.splice (temp2,1);
                              removeChild (particleTwo);
               }

               }
          }
     }
```

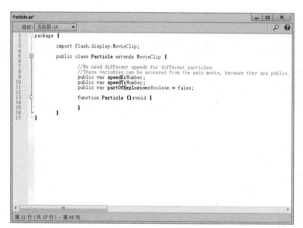

09 完成效果。保存动画文件，然后按快捷键【Ctrl+Enter】，欣赏本例的完成效果，如下图所示。

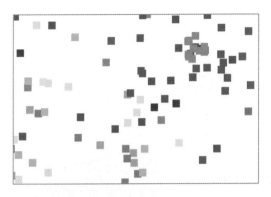
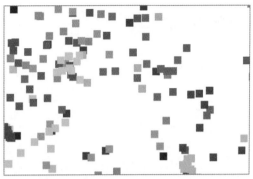

Example 04　小雨点

案例展示 >>>

光盘路径

素材文件：光盘素材 \ 素材文件 \ 第 10 章 \ Example 04\10-4-01.jpg
结果文件：光盘素材 \ 结果文件 \ 第 10 章 \ Example 04\10-4.fla
多媒体教学文件：光盘素材 \ 教学文件 \ 第 10 章 \ Example 04\10-4.avi

设计分析 >>>

难易难度：★★★★☆

操作提示：本例使用线条工具，绘制出雨点的外形；然后使用 Action Script 技术，编辑出雨点不断下落的效果。

技能要点：线条工具、Action Script 代码。

步骤详解 >>>

01 设置动画属性。新建一个 Flash 空白文档。执行"修改→文档"命令，打开"文档设置"对话框，将"舞台大小"设置为 450×520 像素，"舞台颜色"设置为黑色，设置完成后单击"确定"按钮，如左下图所示。

02 导入图像。执行"文件→导入→导入到舞台"命令，将素材文件 10-4-01.jpg 导入到舞台中，如右下图所示。

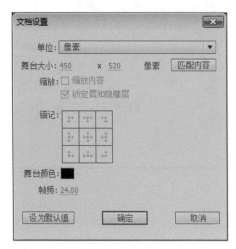

03 新建元件。执行"插入→新建元件"命令，打开"创建新元件"对话框。在对话框的"名称"文本框中输入按钮名称"yd"，在"类型"下拉列表中选择"影片剪辑"选项，如左下图所示。

04 绘制线条。使用"线条工具" ∕，在工作区域中绘制一条线段，在时间轴的第 24 帧处插入关键帧，然后选中该帧处的线条，将其向左下方移动一段距离，最后在第 1 帧与第 24 帧之间创建补间动画，如右下图所示。

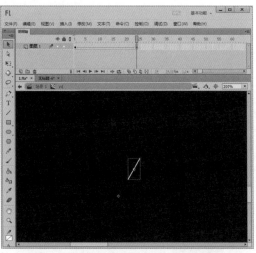

大师点拨
→ 为什么要将线条左下方移动一段距离

这里移动的距离就是雨点从天空落向地面的距离，只有这样才能制作出雨点下落的效果。

05 绘制椭圆。新建图层 2，并把它拖到"图层 1"的下方。然后在"图层 2"的第 24 帧处插入空白关键帧，使用"椭圆工具" ⬭ 在线条的下方绘制一个边框为白色，无填充色，宽和高分别为 57 像素与 7 像素的椭圆，如左下图所示。

06 转换元件。选中"图层 2"的第 24 帧，按住鼠标左键不放，将它向右移动一个帧的距离。也就是将"图层 2"的第 24 帧移到第 25 帧处。然后选中第 25 帧处的椭圆，按【F8】键，将其转换为图形元件，在"名称"文本框中输入"水纹"，如右下图所示。

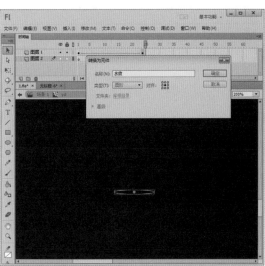

07 设置 Alpha 值。在"图层 2"的第 40 帧处插入关键帧。选中该帧处的椭圆，单击"任意变形工具" ，将其宽和高分别放大至 118 像素与 13 像素。然后在"属性"面板中将它的 Alpha 值设置为 0%。最后在"图层 2"的第 25 帧与第 40 帧之间创建补间动画，如左下图所示。

08 选择"属性"命令。打开"库"面板，在影片剪辑元件"yd"上右击，在弹出的快捷菜单中选择"属性"命令，如右下图所示。

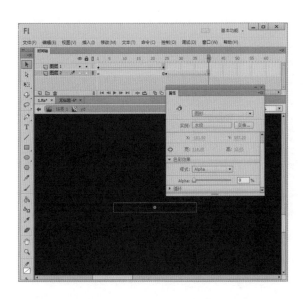
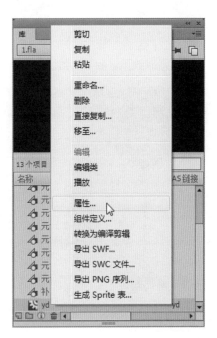

09 勾选"为 ActionScript 导出"复选框。打开"元件属性"对话框，单击 高级▼ 按钮，勾选"为 ActionScript 导出"复选框，如左下图所示。

10 添加代码。返回主场景，新建图层2，选中该层的第1帧，在"动作"面板中添加如下代码，如右下图所示。

```
for(var i=0;i<100;i++)
{
var yd_mc = new yd ();
yd_mc.x = Math.random()*650;
yd_mc.gotoAndPlay(int(Math.random()*40)+1);


yd_mc.alpha = yd_mc.scaleX = yd_mc.scaleY = Math.random()*0.7+0.3;
    stage.addChild(yd_mc);
}
```

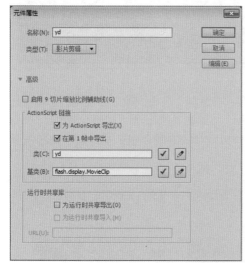

11 完成效果。保存文件，按快捷键【Ctrl+Enter】，欣赏本例的完成效果，如下图所示。

Example 05　美丽的喷泉

案例展示 >>>

光盘路径

素材文件：光盘素材 \ 素材文件 \ 第 10 章 \ Example 05\10-5-01.jpg
结果文件：光盘素材 \ 结果文件 \ 第 10 章 \ Example 05\10-5.fla
多媒体教学文件：光盘素材 \ 教学文件 \ 第 10 章 \ Example 05\10-5.avi

设计分析 >>>

难易难度：★★★☆☆

操作提示：本例通过导入图像、创建影片剪辑元件与添加 Action Script 代码来制作。

技能要点：创建影片剪辑元件、添加 Action Script 代码。

步骤详解 >>>

01 设置动画属性。新建一个 Flash 空白文档。执行"修改→文档"命令，打开"文档设置"对话框，将"舞台大小"设置为 500×370 像素，"舞台颜色"设置为黑色，设置完成后单击"确定"按钮，如左下图所示。

02 新建影片剪辑元件。执行"插入→新建元件"命令，打开"创建新元件"对话框。在"名称"文本框中输入"pall"，在"类型"下拉列表中选择"影片剪辑"选项，完成后单击"确定"按钮，如右下图所示。

03 绘制椭圆。单击"椭圆工具" 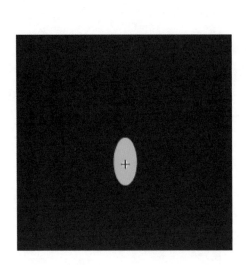，在影片剪辑元件编辑区中绘制一个无边框，填充色为蓝色，宽和高分别为 3 像素和 6 像素的椭圆，如左下图所示。

04 选择"属性"命令。打开"库"面板，在影片剪辑元件"pall"上右击，在弹出的快捷菜单中选择"属性"命令，如右下图所示。

05 勾选"为 ActionScript 导出"复选框。打开"元件属性"对话框，单击 高级▼ 按钮，勾选"为 ActionScript 导出"复选框，完成后单击"确定"按钮，如左下图所示。

06 导入图像。返回主场景，执行"文件→导入→导入到舞台"命令，将素材文件 10-5-01.jpg 导入到舞台中，如右下图所示。

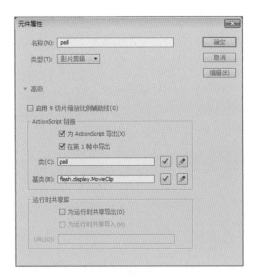

07 输入代码。新建图层 2，选择该层的第 1 帧，打开"动作"面板，输入如下代码，如左下图所示。

```
var count:int = 500;
var zl:Number = 0.5;
```

```
var balls:Array;
balls = new Array();
for (var i:int = 0; i < count; i++) {
var ball:pall = new pall();
ball.x = 260;
ball.y = 200;
ball[ "vx" ]= Math.random() * 2 - 1;
ball[ "vy" ] = Math.random() * -10 - 10;
addChild(ball);
balls.push(ball);
}
addEventListener(Event.ENTER_FRAME, onEnterFrame);
function onEnterFrame(event:Event):void {
for (var i:Number = 0; i < balls.length; i++) {
var ball:pall = pall(balls[i]);
ball[ "vy" ] += zl;
ball.x +=ball[ "vx" ];
ball.y +=ball[ "vy" ];
if (ball.x - ball.width/2> stage.stageWidth ||
ball.x + ball.width/2 < 0 ||
ball.y - ball.width/2 > stage.stageHeight ||
ball.y + ball.width/2 < 0) {
ball.x = 260;
ball.y = 200;
ball[ "vx" ]= Math.random() * 2 - 1;
ball[ "vy" ] = Math.random() * -10 - 10;
}
}
}
```

08 完成效果。保存动画文件，然后按快捷键【Ctrl+Enter】，欣赏本例的完成效果，如右下图所示。

Example 06　网页登录界面

案例展示 〉〉〉

光盘路径

素材文件：光盘素材 \ 素材文件 \ 第 10 章 \ Example 06\10-6-01.jpg
结果文件：光盘素材 \ 结果文件 \ 第 10 章 \ Example 06\10-6.fla
多媒体教学文件：光盘素材 \ 教学文件 \ 第 10 章 \ Example 06\10-6.avi

设计分析 〉〉〉

难易难度： ★ ★ ★ ☆ ☆

操作提示： 本例主要使用"TextInput"组件来制作登录界面的效果。

技能要点： 组件的应用。

步骤详解 〉〉〉

01 设置动画属性。新建一个 Flash 空白文档。执行"修改→文档"命令，打开"文档设置"对话框，将"舞台大小"设置为 530×330 像素，设置完成后单击"确定"按钮，如左下图所示。

02 导入图像。执行"文件→导入→导入到舞台"命令，将素材文件 10-6-01.jpg 导入到舞台中，如右下图所示。

03 设置实例名。新建图层 2，执行"窗口→组件"命令（"组件"面板快捷键：【Ctrl+F7】），打开"组件"面板，将"Label"组件从"组件"面板中拖动到舞台上，并在"属性"面板中将其实例名设置为"pwdLabel"，在"text"文本框中输入"用户名："，如左下图所示。

04 设置实例名。再一次将"Label"组件从"组件"面板中拖动到舞台上，并在"属性"面板中将其实例名设置为"confirmLabel"，在"text"文本框中输入"密码："，如右下图所示。

05 设置实例名。将"TextInput"组件从"组件"面板中拖动到"用户名："的右侧，并在"属性"面板中将其实例名设置为"pwdTi"，如左下图所示。

06 勾选"displayAdPassword"复选框。将"TextInput"组件从"组件"面板中拖动到"密码："的右侧，并在"属性"面板中将其实例名设置为"confirmTi"，然后勾选"displayAdPassword"复选框，如右下图所示。

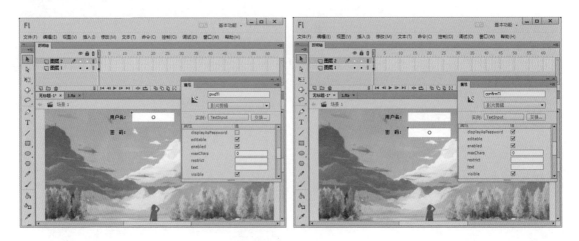

07 拖动 "Button" 组件。在 "组件" 面板中将 "Button" 组件拖动到舞台上，在 "属性" 面板上 "label" 的文本框中输入 "登录"，如左下图所示。

08 拖动 "Button" 组件。再一次在 "组件" 面板中将 "Button" 组件拖动到舞台上，在 "属性" 面板上 "label" 文本框中输入 "取消"，如右下图所示。

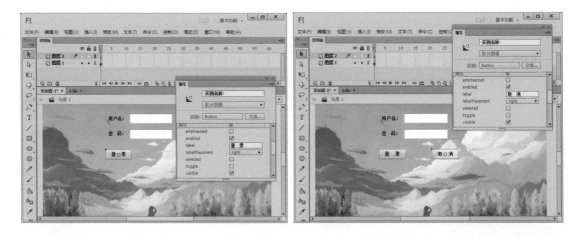

09 输入代码。新建图层 3，选中该层的第 1 帧，在 "动作" 面板中输入如下代码，如左下图所示。

```
function tiListener(evt_obj:Event){
if(confirmTi.text != pwdTi.text || confirmTi.length < 8)
{
trace( "Password is incorrect. Please reenter it." );
}
else {
trace( "Your password is: " + confirmTi.text);
}
}
confirmTi.addEventListener( "enter", tiListener);
```

10 完成效果。保存文件，然后按快捷键【Ctrl+Enter】测试动画即可，如右下图所示。

Example 07　气球

案例展示 >>>

光盘路径

素材文件：光盘素材 \ 素材文件 \ 第 10 章 \ Example 07\10-7-01.png、10-7-02.jpg
结果文件：光盘素材 \ 结果文件 \ 第 10 章 \ Example 07\10-7.fla
多媒体教学文件：光盘素材 \ 教学文件 \ 第 10 章 \ Example 07\10-7.avi

设计分析 >>>

难易难度：★ ★ ☆ ☆ ☆

操作提示：本例使用了转换为元件功能、创建 Action Script 文件与 Action Script 3.0 技术来编辑制作。

技能要点：转换为元件、创建 Action Script 文件、Action Script 3.0 技术。

步骤详解 >>>

01 设置动画属性。新建一个 Flash 空白文档。执行"修改→文档"命令，打开"文档设置"对话框，将"舞台颜色"设置为黑色，"帧频"设置为 30，设置完成后单击"确定"按钮，如左下图所示。

02 新建元件。执行"插入→新建元件"命令，打开"创建新元件"对话框。在对话框中的"名称"文本框中输入按钮名称"MoveBall"，在"类型"下拉列表中选择"影片剪辑"选项，如右下图所示。完成后单击"确定"按钮进入按钮元件编辑区。

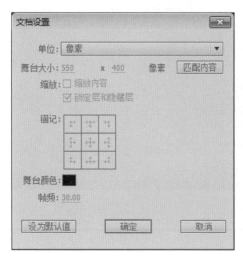

03 导入图像。执行"文件→导入→导入到舞台"命令，在编辑区中导入素材文件 10-7-01.png，如左下图所示。

04 选择"属性"命令。打开"库"面板，在影片剪辑元件"MoveBall"上右击，在弹出的快捷菜单中选择"属性"命令，如右下图所示。

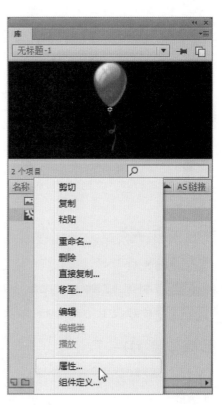

05 勾选"为 ActionScript 导出"复选框。打开"元件属性"对话框，单击 高级 ▼ 按钮，勾选"为 ActionScript 导出"复选框，完成后单击"确定"按钮，如左下图所示。

06 新建 ActionScript 文件。按快捷键【Ctrl+N】打开"新建文档"对话框，选择"ActionScript 文件"选项，单击"确定"按钮，如右下图所示。

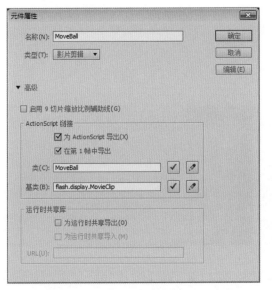

07 输入代码。按快捷键【Ctrl+S】将其保存为 MoveBall.as，然后在 MoveBall.as 中输入如下代码，如左下图所示。

```
package {
    import flash.display.Sprite;
    import flash.events.Event;
    public class MoveBall extends Sprite {
        private var yspeed:Number;
        private var W:Number;
        private var H:Number;
        private var space:uint = 10;
        public function MoveBall(yspeed:Number,w:Number,h:Number) {

            this.yspeed = yspeed;
            this.W = w;
            this.H = h;
            init();
        }
        private function init() {
            this.addEventListener(Event.ENTER_FRAME,enterFrameHandler);
        }
        private function enterFrameHandler(event:Event) {
            this.y -= this.yspeed/2;
            if (this.y<-space) {
                this.x = Math.random()*this.W;
                this.y = this.H + space;
            }
        }
    }
}
```

08 导入图像。单击 📷 场景 1 按钮返回主场景中，执行 "文件→导入→导入到舞台" 命令，将素材文件 10-7-02.jpg 导入到舞台中，如右下图所示。

```
MoveBall.as*
目标: 无标题-1 ▼                                          🔍 ❓
 1  ⊟ package {
 2        import flash.display.Sprite;
 3        import flash.events.Event;
 4        public class MoveBall extends Sprite {
 5            private var yspeed:Number;
 6            private var W:Number;
 7            private var H:Number;
 8            private var space:uint = 10;
 9            public function MoveBall(yspeed:Number, w:Number, h:Number) {
10
11                this.yspeed = yspeed;
12                this.W = w;
13                this.H = h;
14                init();
15            }
16            private function init() {
17                this.addEventListener(Event.ENTER_FRAME, enterFrameHandler);
18            }
19            private function enterFrameHandler(event:Event) {
20                this.y -= this.yspeed/2;
21                if (this.y<-space) {
22                    this.x = Math.random()*this.W;
23                    this.y = this.H + space;
24                }
25            }
26        }
27  ⊟ }
第27行（共27行），第2列
```

09 输入代码。新建图层 2，选择该层的第 1 帧，按【F9】键打开"动作"面板，输入如下代码，如左下图所示。

```
var W = 560,H = 240,speed = 2;
var container:Sprite = new Sprite();
addChild(container);
var Num = 30;
for (var i:uint=0; i<Num; i++) {
        speed = Math.random()*speed+2;
        var boll:MoveBall = new MoveBall(speed,W,H);
    boll.x=Math.random()*W;
    boll.y=Math.random()*H;
    boll.alpha  = .1+Math.random();
    boll.scaleX =boll.scaleY= Math.random();
    container.addChild(boll);
}
```

10 完成效果。保存动画文件，然后按快捷键【Ctrl+Enter】，欣赏本例的完成效果，如右下图所示。

学习小结

　　Action Script 是 Flash 内置的编程语言，用它来为动画编程，可以实现各种动画特效、对影片的良好控制、强大的人机交互及与网络服务器的交互功能。需要注意的是，创建的元件实例名一定要与代码中的元件实例名相同，否则添加的代码将不会起作用，也不能制作出最终效果。

CHAPTER

11

DESIGNER

网页特效设计

网页要精美、炫目，适当地制作一些网页特效是非常有必要的。本章不仅讲述了各种网页特效的制作方法，还介绍了网页特效在制作过程中的一些小技巧。

知识讲解——行业知识链接

在网页中添加一些恰当的特效，使页面具有一定的交互性、动态效果，这样能吸引浏览者的眼球，提高页面的观赏性、趣味性。

Point 01　什么是网页特效

网页特效是用程序代码在网页中实现的特殊效果或者特殊功能的一种技术，是用网页脚本（javascript）来编写制作动态特殊效果。

Point 02　网页特效的分类

随着网络的不断发展，网络将不再仅是获取信息的平台，它正逐步地向个性化发展。网站的美观与否，以及信息量的多少决定了它的流量。因此，对于一个网站或者一个网页而言，外观是相当重要的。因此，需要在网页上添加网页特效。网页特效就是用网页脚本（javascript）来编写制作动态特殊效果的。

JavaScript 是较为流行的一种制作网页特效的语言，它是由 Netscape 公司推出的，其前身由 Netscape 公司定义，后来由 SUN 公司大力支持才得以迅速发展。

网页特效一般分为：时间日期类、页面背景类、页面特效类、图形图象类、按钮特效类、鼠标事件类、文本特效类、状态栏特效等。

丰富多彩的网页特效，为网页增加了很不错的效果，网页制作初学者按照本章的操作也很容易成功地为网页添加网页特效。

需要注意的是：在同一个网页中的特效不宜过多，以免让浏览者忽略了主体的内容。

实战应用——上机实战训练

下面，给读者介绍一些经典的网页特效设计，希望读者能跟着我们的讲解，一步一步地做出与书同步的效果。

Example 01　网站提示信息

案例展示 >>>

光盘路径

素材文件：光盘素材\素材文件\第 11 章\Example 01\11-1-01.jpg
结果文件：光盘素材\结果文件\第 11 章\Example 01\11-1.html
多媒体教学文件：光盘素材\教学文件\第 11 章\Example 01\11-1.avi

设计分析 >>>

难易难度： ★★☆☆☆

操作提示： 本例主要通过插入表格与图像、使用"弹出信息"动作来制作。

技能要点： 插入表格、插入图像、"行为"面板、使用"弹出信息"动作。

步骤详解 >>>

01 插入表格。启动 Dreamweaver CC，新建一个 HTML 文件。执行"插入→表格"命令（插入表格快捷键：【Ctrl+Alt+T】），打开"表格"对话框，设置"行数"为 2，"列数"为 1，"表格宽度"为 556 像素，"边框粗细"、"单元格边距"和"单元格间距"为 0，如左下图所示。完成后单击"确定"按钮，最后在"属性"面板中设置表格"对齐"方式为"居中对齐"，如右下图所示。

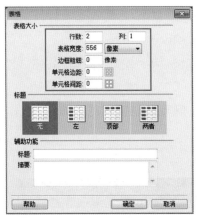
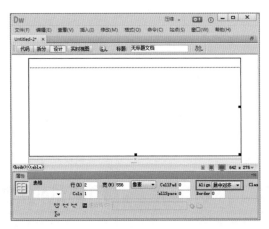

02 输入文字。在表格第 1 行的单元格中输入文字"下载壁纸"，在"属性"面板中设置大小为 12 像素，颜色为深灰色（#33333），如左下图所示。

03 插入图像。将光标放置于表格第 2 行的单元格中，执行"插入→图像→图像"命令（插入图像快捷键：【Ctrl+Alt+I】），将素材文件 11-1-01.jpg 插入到该单元格中，如右下图所示。

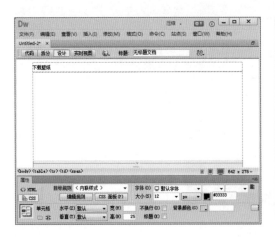

04 选择"弹出信息"命令。选中表格第 1 行单元格中的文字，执行"窗口→行为"命令（"行为"面板快捷键：【Shift+F4】），打开"行为"面板，单击"行为"面板上的 **+.** 按钮，在打开的"动作"快捷菜单中选择"弹出信息"命令，如左下图所示。

05 输入信息。打开"弹出信息"对话框，在"消息"文本框中输入所要弹出的文字信息，比如"请先登录本站，再下载壁纸，谢谢！"，完成后单击"确定"按钮，如右下图所示。

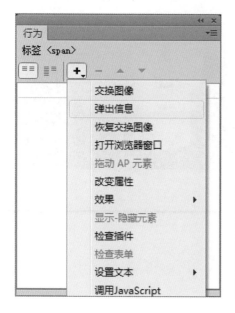

大师点拨
→
什么是行为

行为是由JavaScript函数和事件处理程序组成，JavaScript函数在Dreamweaver中作为动作，所有动作都响应事件。Dreamweaver中的行为是将JavaScript代码放置在文档中，以允许访问者与Web页进行交互，从而以多种方式更改页面或引起某些任务的执行。

行为是由事件和触发该事件的动作组成。在"行为"面板中，可以先指定一个动作，然后指定触发该动作的事件，最后将行为添加到页面中。

● 事件：是浏览器生成的消息，指示该页的访问者执行了某种操作。如当访问者将鼠标移动到某个链接上时，浏览器为该链接生成一个onMouseOver事件；然后浏览器查看在该页中是否存在为该链接生成该事件时浏览器应该调用的JavaScript代码。不同的对象定义了不同的事件。例如，onMouseOver和onClick是与链接关联的事件，而onLoad是与图像和文档的 body 部分关联的事件。

● 动作：由预先编写的JavaScript代码组成，这些代码会执行特定的任务，如打开浏览器窗口、显示或隐藏层、播放声音或控制影片播放等。

在将行为附加到对象上之后，在浏览器中只要对该元素发生了所指定的事件，浏览器就会调用与该事件关联的动作。如将"弹出消息"动作附加到某个链接并指定它将由onMouseOver 事件触发，那么只要用户在浏览器中用鼠标指向该链接就会在对话框中弹出给定的消息。

06 选择事件。在"行为"面板中打开事件菜单，选择相应的事件项，本例选择"onClick"，如左下图所示。

07 浏览网页。执行"文件→保存"命令（保存快捷键：【Ctrl+S】），保存网页，执行"文件→在浏览器中预览→ IEXPLORE"命令（预览网页快捷键：【F12】），预览网页，如右下图所示。

Example 02 响应鼠标的文字

案例展示 >>>

光盘路径　素材文件：光盘素材 \ 素材文件 \ 第 11 章 \ Example 02\11-2-01.png
结果文件：光盘素材 \ 结果文件 \ 第 11 章 \ Example 02\11-2.html
多媒体教学文件：光盘素材 \ 教学文件 \ 第 11 章 \ Example 02\11-2.avi

设计分析 >>>

难易难度：★ ★ ★ ☆ ☆

操作提示：本例主要通过插入 DIV、添加"设置容器的文本"动作等来制作。

技能要点：插入 DIV、"设置容器的文本"动作。

步骤详解 》》》

01 设置动画属性。新建一个网页文件，执行"插入→表格"命令，插入一个 1 行 1 列、"宽"为 1 019 像素的表格，设置表格的"边框"、"填充"和单元格"间距"为 0，然后在"属性"面板中设置表格"对齐"方式为"居中对齐"，如左下图所示。

02 插入图像。将光标放置于表格中，执行"插入→图像→图像"命令，在表格中插入素材文件 11-2-01.png，如右下图所示。

03 设置 ID。执行"插入→ DIV"命令，打开"插入 DIV"对话框，在"ID"文本框中输入"a1"，如左下图所示。

04 插入 DIV。完成后单击"确定"按钮，插入一个 DIV 到文档中，如右下图所示。

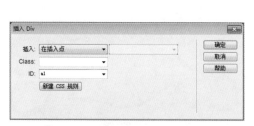

05 添加代码。单击 代码 按钮，切换到代码视图，在 <title> 无标题文档 </title> 的后面添加如下代码，如左下图所示。

```
<style type="text/css">
#a1 {
    position: absolute;
    left: 437px;
    top: 89px;
    width: 296px;
    height: 218px;
```

```
    }
    </style>
```

06 拖动 DIV。单击 设计 按钮切换到"设计"视图，选中"DIV"元素，将其拖动到图像上，如右下图所示。

```
<html>
<head>
<meta charset="utf-8">
<title>无标题文档</title>
<style type="text/css">
#a1 {
    position: absolute;
    left: 437px;
    top: 89px;
    width: 296px;
    height: 218px;
}
</style>
</head>
<body>
<div id="a1">此处显示  id "a1" 的内容</div>
<table width="1019" border="0" align="center" cellpadding="0" cellspacing=
"0">
    <tr>
      <td height="400"><img src="file:///D|/shizhan/images/11-2-01.png"
width="1019" height="716" alt=""/></td>
    </tr>
</table>
</body>
</html>
```

07 插入表格。将 DIV 中的文字删除，然后将光标放置于 DIV 中，执行"插入→表格"命令，在层中插入一个 1 行 3 列，"宽"为 300 像素，"填充"和单元格"间距"为 0 的表格，如左下图所示。

08 输入文字。分别在表格的 3 个单元格中输入文字，文字"大小"为 16 像素，颜色为黑色，如右下图所示。

09 插入 DIV。执行"插入→ DIV"命令，打开"插入 DIV"对话框，在"ID"文本框中输入"a2"，完成后单击"确定"按钮，如左下图所示。

10 添加代码。单击 代码 按钮，切换到代码视图，在 <title> 无标题文档 </title> 的后面添加如下代码，如右下图所示。

```
<style type="text/css">
#a2 {
    position: absolute;
```

```
        left: 437px;

        top: 89px;

        width: 296px;

        height: 218px;

    }

    </style>
```

```
<!doctype html>
<html>
<head>
<meta charset="utf-8">
<title>无标题文档</title>
<style type="text/css">
#a2 {
    position: absolute;
    left: 430px;
    top: 134px;
    width: 296px;
    height: 218px;
}
</style>
<style type="text/css">
#a1 {
    position: absolute;
    left: 337px;
    top: 14px;
    width: 443px;
    height: 98px;
}
</style>
</head>
<body>
```

11 拖动 DIV。单击 设计 按钮切换到 "设计" 视图，选中 a2DIV 元素，将其拖动到图像上，如左下图所示。

12 添加动作。选择a1DIV 中的文字 "公司简介"，打开 "行为" 面板，在面板上单击 ✦ 按钮，在弹出的菜单中选择 "设置文本→设置容器的文本" 命令，如右下图所示。

13 输入文字。打开 "设置容器的文本" 对话框，在 "容器" 下拉列表中选择 div "a2" 选项，在 "新建 HTML" 文本框中输入文本，如左下图所示。

14 选择事件。在 "行为" 面板中选择 onMouseOver 选项，如右下图所示。

15 设置页面属性。单击"属性"面板上的 [页面属性...] 按钮，打开"页面属性"对话框，在"左边距"、"右边距"、"上边距"和"下边距"的文本框中输入 0，如左下图所示。

16 浏览网页。保存文件并按【F12】键浏览网页，将鼠标移至"公司简介"文字上，将会出现介绍文字，如右下图所示。

Example 03 单击隐去图像

案例展示 >>>

素材文件：光盘素材 \ 素材文件 \ 第 11 章 \ Example 03\11-3-01.jpg
结果文件：光盘素材 \ 结果文件 \ 第 11 章 \ Example 03\11-3.html
多媒体教学文件：光盘素材 \ 教学文件 \ 第 11 章 \ Example 03\11-3.avi

光盘路径

设计分析 ≫≫≫

难易难度：★★ ☆ ☆ ☆

操作提示：本例使用行为动作来制作单击消失图像的效果。

技能要点：插入图像、使用行为动作。

步骤详解 ≫≫≫

01 插入表格。执行"插入→表格"命令，插入一个 1 行 1 列，宽为 734 像素的表格，并在"属性"面板中将其对齐方式设置为居中对齐，"填充"和"间距"设置为 0，如左下图所示。

02 插入图像。执行"插入→图像→图像"命令，将素材文件 11-3-01.jpg 插入到表格中，如右下图所示。

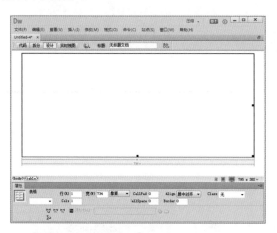

03 选择动作。选择图像，执行"窗口→行为"命令，打开"行为"面板，在面板上单击 **+.** 按钮，在弹出的菜单中选择"效果→ Scale"命令，如左下图所示。

04 设置"Scale"对话框。在弹出的"Scale"对话框中单击"确定"按钮，如右下图所示。

211

05 选择事件。在"行为"面板上选择"onClick"选项，如左下图所示。

06 浏览网页。执行"文件→保存"命令，将文件进行保存，然后按【F12】键浏览网页，如右下图所示。

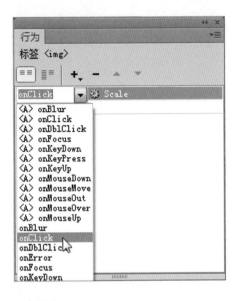

Example 04　网页中的动态日期

案例展示 >>>

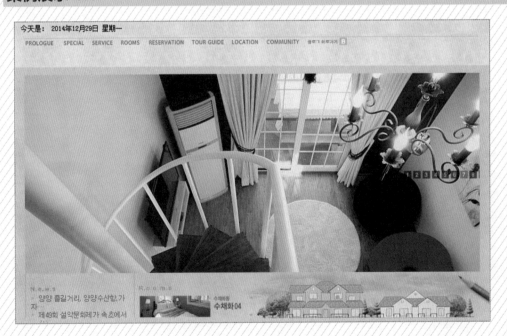

光盘路径　素材文件：光盘素材 \ 素材文件 \ 第 11 章 \ Example 04\11-4-01.jpg、11-4-02.jpg
结果文件：光盘素材 \ 结果文件 \ 第 11 章 \ Example 04\11-4.html
多媒体教学文件：光盘素材 \ 教学文件 \ 第 11 章 \ Example 04\11-4.avi

设计分析 >>>

难易难度：★★★☆☆

操作提示：本例通过设置单元格背景图像、添加代码来制作。

技能要点：设置单元格背景图像、添加代码。

步骤详解 >>>

01 插入表格。执行"插入→表格"命令，插入一个 2 行 1 列，表格宽度为 834 像素，边框粗细、单元格边距和单元格间距均为"0"的表格，并在"属性"面板中将表格设置为"居中对齐"，如左下图所示。

02 设置背景图像。将光标放置于表格第 1 行的单元格中，单击 代码 按钮，切换到"代码"视图，在 <td height="23" 后面添加代码：background="images/11-4-01.JPG"，如右下图所示。表示将素材文件 11-4-01.jpg 作为单元格的背景图像。

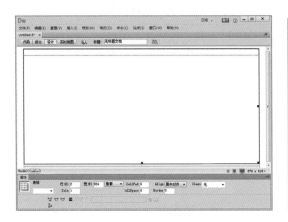

03 插入图像。单击 设计 按钮，切换到"设计"视图，将光标放置于表格的第 2 行单元格中，执行"插入→图像→图像"命令，将素材文件 11-4-02.jpg 插入到单元格中，如左下图所示。

04 输入文字。将光标放置于表格的第 1 行单元格中，在该单元格中输入文字"今天是："，文字大小为 12 像素，如右下图所示。

05 添加代码。单击 代码 按钮，将文档的视图切换到"代码"视图，在"今天是："后面添加如下代码，如左下图所示。

```
<script language=" JavaScript" type=" text/JavaScript" >
var day=" ";
var month=" ";
var ampm=" ";
var ampmhour=" ";
var myweekday=" ";
var year=" ";
mydate=new Date();
myweekday=mydate.getDay();
mymonth=mydate.getMonth()+1;
myday= mydate.getDate();
myyear= mydate.getYear();
year=(myyear > 200) ? myyear : 1900 + myyear;
if(myweekday == 0)
weekday=" 星期日 ";
else if(myweekday == 1)
weekday=" 星期一 ";
else if(myweekday == 2)
weekday=" 星期二 ";
else if(myweekday == 3)
weekday=" 星期三 ";
else if(myweekday == 4)
weekday=" 星期四 ";
else if(myweekday == 5)
weekday=" 星期五 ";
else if(myweekday == 6)
weekday=" 星期六 ";
document.write(year+" 年" +mymonth+" 月" +myday+" 日" +weekday);
</script>
```

06 设置边距。执行"修改→页面属性"命令，打开"页面属性"对话框，将"上边距"与"下边距"设置为 0，如右下图所示。

所添加的这段为JavaScript代码。所表示为"今天是："文字后在浏览时显示系统的日期，包括显示"年""月""日"和"星期"，并随着系统时间的改变而发生相应的变化。

07 浏览网页。执行"文件→保存"命令，将文件进行保存，然后按【F12】键浏览网页，如下图所示。

Example 05　网页中的透明动画

案例展示 >>>

光盘路径　素材文件：光盘素材 \ 素材文件 \ 第 11 章 \ Example 05\11-5-01.jpg、11-5-02.swf
结果文件：光盘素材 \ 结果文件 \ 第 11 章 \ Example 05\11-5.html
多媒体教学文件：光盘素材 \ 教学文件 \ 第 11 章 \ Example 05\11-5.avi

设计分析 >>>

难易难度： ★★★☆☆

操作提示： 本例使用了表格布局，插入 DIV，并在 DIV 中插入 Flash 动画，最后将 Flash 动画设置为透明。

技能要点： 插入 DIV、插入 Flash 动画。

步骤详解 >>>

01 插入表格。 执行"插入→表格"命令，插入一个 2 行 1 列，宽为 956 像素的表格，并在"属性"面板中将其的对齐方式设置为居中对齐，"填充"和"间距"设置为 0，如左下图所示。

02 设置单元格背景颜色。 将光标放置于表格的第 1 行单元格中，在"属性"面板的"背景颜色"文本框中输入"#352A26"，表示将单元格背景颜色设置为黑色，如右下图所示。

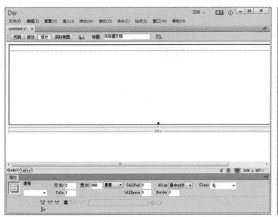
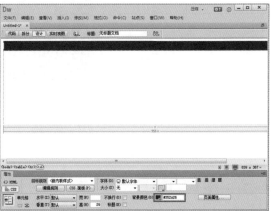

03 输入文字。 在表格的第 1 行单元格中输入文字，文本颜色为白色，大小为 12 像素，如左下图所示。

04 插入图像。 将光标放置于表格的第 2 行单元格中，执行"插入→图像→图像"命令，将素材文件 11-5-01.jpg 插入到表格中，如右下图所示。

05 设置 ID。执行"插入→ DIV"命令，打开"插入 DIV"对话框，在"ID"文本框中输入"b1"，如左下图所示。

06 插入 DIV。完成后单击"确定"按钮，插入一个 DIV 到文档中，如右下图所示。

07 添加代码。单击 代码 按钮，切换到代码视图，在 <title> 无标题文档 </title> 的后面添加如下代码，如左下图所示。

```
<style type="text/css">
#b1 {
    position: absolute;
    left: 437px;
    top: 89px;
    width: 296px;
    height: 218px;
}
</style>
```

08 拖动 DIV。单击 设计 按钮，切换到"设计"视图，选中"DIV"元素，将其拖动到表格的第 2 行单元格图像上，如右下图所示。

```
1   <!doctype html>
2   <html>
3   <head>
4   <meta charset="utf-8">
5   <title>无标题文档</title>
6   <style type="text/css">
7   #b1 {
8       position: absolute;
9       left: 437px;
10      top: 89px;
11      width: 296px;
12      height: 218px;
13  }
14  </style>
15  </head>
```

09 插入 Flash 动画。将 DIV 中的文字删除，然后将光标放置于 DIV 中，执行"插入→媒体→ Flash SWF"命令，将素材文件 11-5-02.swf 插入 DIV 中，如左下图所示。

10 播放 Flash 动画。选中插入的 Flash 动画，单击"属性"面板上的 ▶ 播放 按钮，可以看到 Flash 动画的背景并不透明，与整个页面毫不搭配，如右下图所示。

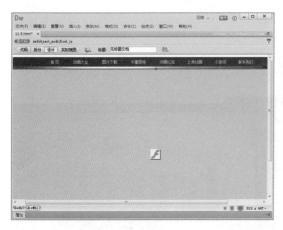 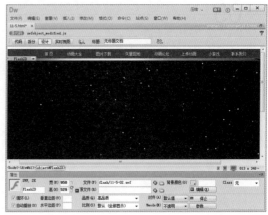

11 选择"透明"选项。选中插入的 Flash 动画，在"属性"面板上 "Wmode"下拉列表中选择"透明"选项，如左下图所示。

12 设置背景颜色。单击"属性"面板上的 页面属性... 按钮，弹出"页面属性"对话框，在"背景颜色"文本框中输入"#CCBCAD"，表示将咖啡色作为网页的背景颜色，完成后单击"确定"按钮，如右下图所示。

13 浏览网页。执行"文件→保存"命令，将文件进行保存，然后按【F12】键浏览网页，如下图所示。

Example 06　检测用户屏幕分辨率

案例展示 >>>

浏览本站的最佳分辨率是：1024×768，　你当前的分辨率是：1366×768，请修改屏幕分辨率以取得最佳浏览效果！

光盘路径
素材文件：光盘素材 \ 素材文件 \ 第 11 章 \ Example 06\11-6-01.jpg
结果文件：光盘素材 \ 结果文件 \ 第 11 章 \ Example 06\11-6.html
多媒体教学文件：光盘素材 \ 教学文件 \ 第 11 章 \ Example 06\11-6.avi

设计分析 >>>

难易难度: ★★★☆☆

操作提示: 本例通过添加代码与设置页面属性来制作检测用户屏幕分辨率的效果。

技能要点: 添加代码、设置页面属性。

步骤详解 >>>

01 **输入代码。** 新建一个网页文件，单击 代码 按钮进入代码视图，在 <body> 和 </body> 标签之间输入如下代码，如左下图所示。

```
<script language=JavaScript>
var correctwidth=1024
var correctheight=768
if (screen.width!=correctwidth||screen.height!=correctheight)
```

```
document.write("浏览本站的最佳分辨率是："+correctwidth+"×"+correctheight+",
你当前的分辨率是:"+screen.width+"×"+screen.height+",请修改屏幕分辨率以取得最佳浏
览效果!")
    </script>
```

> **大师点拨** 最佳的分辨率代码
>
> var correctwidth=1024和var correctheight=768，这两行代码表示最佳的分辨率，读者可以根据自己制作的网站实际分辨率来进行更改。

02 设置单元格背景颜色。在刚添加的代码下方继续输入如下代码，表示在网页中插入一幅名称为 11-6-01 的 JPG 格式图像，如右下图所示。

```
<img src="images/11-6-01.jpg" width="870" height="590" />
```

```
<!doctype html>
<html>
<head>
<meta charset="utf-8">
<title>无标题文档</title>
</head>
<body>
<script language=JavaScript>
var correctwidth=1024
var correctheight=768
if (screen.width!=correctwidth||screen.height!=correctheight)
document.write("浏览本站的最佳分辨率是："+correctwidth+"×"+
correctheight+", 你当前的分辨率是:"+screen.width+"×"+screen.
height+",请修改屏幕分辨率以取得最佳浏览效果!")
</script>
</body>
</html>
```

```
<!doctype html>
<html>
<head>
<meta charset="utf-8">
<title>无标题文档</title>
</head>
<body>
<script language=JavaScript>
var correctwidth=1024
var correctheight=768
if (screen.width!=correctwidth||screen.height!=correctheight)
document.write("浏览本站的最佳分辨率是："+correctwidth+"×"+
correctheight+", 你当前的分辨率是:"+screen.width+"×"+screen.
height+",请修改屏幕分辨率以取得最佳浏览效果!")
</script>
<img src="images/11-6-01.jpg" width="870" height="590" />
</body>
</html>
```

03 设置背景颜色。执行"修改→页面属性"命令，打开"页面属性"对话框，在对话框中为网页设置背景颜色为（#EEEEEE），如左下图所示。

04 浏览网页。执行"文件→保存"命令，将文件进行保存，然后按【F12】键浏览网页，若检测到当前采用的屏幕分辨率不是 1 024×768 像素时，则会看到右下图所示的提示。

Example 07 制作虚线表格

案例展示 >>>

光盘路径

素材文件：光盘素材＼素材文件＼第 11 章＼Example 07＼11-7-01.jpg、11-7-02.jpg、11-7-03.jpg
结果文件：光盘素材＼结果文件＼第 11 章＼Example 07＼11-7.html
多媒体教学文件：光盘素材＼教学文件＼第 11 章＼Example 07＼11-7.avi

设计分析 >>>

难易难度：★★★★☆

操作提示：本例通过添加代码与插入表格来制作。

技能要点：添加代码、插入表格。

步骤详解 >>>

01 插入表格。新建一个网页文件，执行"插入→表格"命令，插入一个 1 行 1 列、宽为 645 像素的表格，并在"属性"面板中将表格的对齐方式设置为"居中对齐"，把"填充"和"间距"设置为 1，如左下图所示。

02 添加代码。保持表格的选中状态，单击 代码 按钮，切换到代码视图，在 <table 的后面添加代码 style="BORDER-TOP: 1px dotted; BORDER-LEFT: 1px dotted" bordercolor="#CC0000"，如右下图所示。

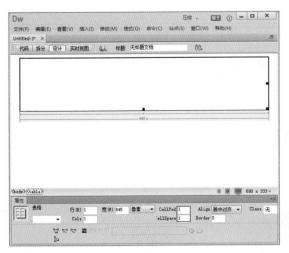
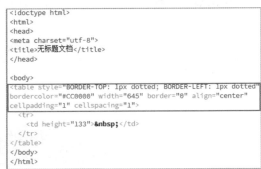

03 添加代码。在 <td 的后面添加代码 style=" BORDER-RIGHT: 1px dotted; BORDER-BOTTOM: 1px dotted" ，如左下图所示。

04 表格效果。单击 设计 按钮，切换到设计视图，页面中的效果如右下图所示。

05 插入图像。将光标放置于表格中，执行"插入→图像→图像"命令，在表格中插入素材文件 11-7-01.jpg，如左下图所示。

06 插入表格。将光标移至表格外侧，执行"插入→表格"命令，插入一个 1 行 1 列、宽为 645 像素的表格，并在"属性"面板中将表格的对齐方式设置为"居中对齐"，把"填充"和"间距"设置为 1，如右下图所示。

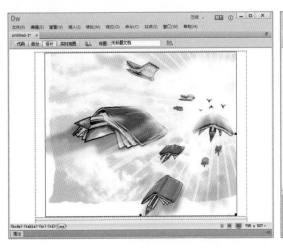

07 添加代码。保持表格的选中状态，单击 代码 按钮，切换到代码视图，在 <table 的后面添加代码 style="BORDER-TOP: 1px dotted; BORDER-LEFT: 1px dotted" bordercolor=" #FF0000"，如左下图所示。

08 添加代码。在 <td 的后面添加代码 style="BORDER-RIGHT: 1px dotted; BORDER-BOTTOM: 1px dotted"，如右下图所示。

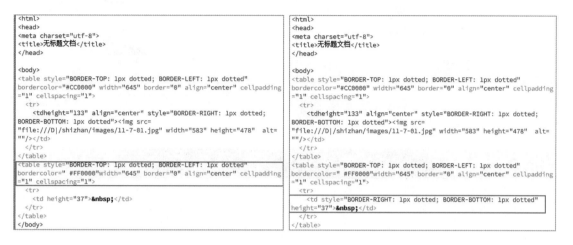

09 插入图像。单击 设计 按钮，切换到设计视图，将光标放置于刚插入的表格中，执行"插入→图像→图像"命令，在表格中插入素材文件 11-7-02.jpg，如左下图所示。

10 创建虚线表格。按照同样的方法再制作出一个宽为 645 像素的虚线表格，如右下图所示。

11 插入图像。将光标放置于刚插入的表格中，执行"插入→图像→图像"命令，在表格中插入素材文件 11-7-03.jpg，如左下图所示。

12 浏览网页。执行"文件→保存"命令，将文件进行保存，然后按【F12】键浏览网页，如右下图所示。

学习小结

　　本章介绍了多种网页特效的制作方法，希望读者在学习完本章的案例后能够灵活地、熟练地制作出更漂亮、更吸引人眼球的效果。但同一个网页中的特效不宜过多，以免让浏览者忽略了主体内容。

CHAPTER

12

DESIGNER

CSS 与 DIV 设计网页

本章介绍使用 CSS 与 DIV 设计网页。CSS 是一组样式，DIV 可以定义网页内容中逻辑区域的标签，而且可以通过手动来插入 DIV 标签并对它们应用 CSS 样式来创建网页布局。

知识讲解——行业知识链接

DIV+CSS 是网站标准（或称为"Web 标准"）中常用的术语之一，是使用 CSS 和 DIV 来设计网页。

Point 01　CSS 概述

CSS 是 Cascading Style Sheets 的简称，也称为"层叠样式表"。CSS 是一组样式，样式中的属性在 HTML 元素中依次出现并显示在浏览器中。样式可以定义在 HTML 文件的标志（TAG）里，也可以在外部附件的文件中。如果是附件文件，一个样式表可以用于多个页面，甚至整个站点，因此，具有更好的易用性和扩展性。

Point 02　DIV 概述

DIV 全称为 DIVision，意为"区分"，它是用来定义网页内容中逻辑区域的标签，可以通过手动插入 DIV 标签并对它们应用 CSS 样式来创建网页布局。

DIV 是用来为 HTML 文档中的块内容设置结构和背景属性的元素。它相当于一个容器，由起始标签 <DIV> 和结束标签 </DIV> 之间的所有内容构成，在它里面可以内嵌表格（table）、文本（text）等 HTML 代码。其中所包含的元素特性由 DIV 标签的属性来控制，或使用样式表格式化这个块来进行控制。

DIV 是 HTML 中指定的，专门用于布局设计的容器对象。在传统的表格式布局当中，之所以能进行页面的排版布局设计，是完全依赖于表格对象的。在页面当中绘制一个由多个单元格组成的表格，在相应的表格中放置内容，通过表格单元格的位置控制来达到实现布局的目的，这是表格式布局的核心。而现在，我们所要接触的是一种全新的布局方式——CSS 布局，DIV 是这种布局方式的核心对象，使用 CSS 布局的页面排版不需要依赖表格，仅从 DIV 的使用上而言，一个简单的布局只需依赖 DIV 与 CSS，因此也可以称为 DIV+CSS 布局。

Point 03　什么是 Web 标准

Web 标准是近几年在国内出现的一个新兴名词。大概从 2003 年开始，有关 Web 标准与 CSS 网站设计的各类文章与讨论，便伴随着网络上大大小小的设计与技术论坛开始展开，也掀起了学习 Web 标准与 CSS 布局的热潮。

Web 标准是由 W3C（World Wide Web Consortium）和其他标准化组织指定的一套规范集合，包含了一系列标准，如 HTML、XHTML、JavaScript 及 CSS 等。Web 标准的目的在于创建一个统一用于 Web 表现层技术的标准，以便于通过不同浏览器或终端设备向最终用户展示信息内容。

Web 标准即网站标准。目前通常所说的 Web 标准一般是指进行网站建设所采用的基于 XHTML 语言的网站设计语言，Web 标准中典型的应用模式是 DIV+CSS，实际上 Web 标准并不是某一个标准，而是一系列标准的集合。

Web 标准由一系列的规范组成。由于 Web 设计越来越趋向于整体与结构化，所以对于网页设计制作者而言，理解 Web 标准首先要理解结构和表现分离的意义。刚开始时可能很难理解结构和表现的不同之处，但是理解这一点是很重要的，因为当结构和表现分离后，使用 CSS 样式表来控制表现就是一件很容易的事。

Point 04　Web 标准的构成

下面来介绍 Web 标准的构成。

1. 结构

结构技术用于对网页中用到的信息（文本、图像、动画等）进行分类和整理，目前用于结构化设计的 Web 标准技术主要是 HTML。

2. 表现

表现技术用于对已被结构化的信息进行显示上的控制，包括位置、颜色、字体、大小等形式的控制。目前用于表现设计的 Web 标准技术就是 CSS。W3C 创建 CSS 的目的是使用 CSS 来控制整个网页的布局，与 HTML 所实现的结构完全分离，简单来说就是表现与内容进行完全分离，使站点的维护更加容易。这也正是 DIV+CSS 布局的一大特点。

3. 行为

行为是指对整个文档的一个模型定义和交互行为的编写，目前用于行为设计的 Web 标准技术主要有以下两个。

第一个是 DOM（Document Object Model），即文档对象模型，相当于浏览器与内容结构之间的一个接口。它定义了访问和处理 HTML 文档的标准方法，把网页和脚本及其他的编程语言联系起来。

第二个是 ECMAScript（JavaScript 的扩展脚本语言），即由 CMA（Computer Manufacturers Association）制定的脚本语言（JavaScript），用于实现网页对象的交互操作。

实战应用——上机实战训练

下面，给读者介绍一些经典的 CSS 与 DIV 网页设计，希望读者能跟着我们的讲解，一步一步地做出与书同步的效果。

Example 01 制作边框阴影与折角效果

案例展示 >>>

光盘路径
素材文件：光盘素材\素材文件\第 12 章\Example 01\12-1-01.jpg
结果文件：光盘素材\结果文件\第 12 章\Example 01\12-1.html
多媒体教学文件：光盘素材\教学文件\第 12 章\Example 01\12-1.avi

设计分析 >>>

难易难度： ★★★☆☆

操作提示： 本例主要通过在"代码"视图中设置标题、添加 CSS 来制作。

技能要点： 在"代码"视图中设置标题、添加 CSS。

步骤详解 >>>

01 输入文字。新建一个网页文件，单击 代码 按钮，切换到"代码"视图，在 <title> </title> 标签之间输入"制作边框阴影与折角效果"，如左下图所示。

02 添加代码。将光标放置于 </title> 标签之后，按【Enter】键进行换行，然后输入如下代码，如右下图所示。

```
<style type="text/css">
*{margin: 0;padding:0;}
        body {margin: 0; padding: 20px 100px;background-color: #f4f4f4;}
        pre{max-height:200px;overflow:auto;}
        DIV.demo {overflow:auto;}
        .box {
            width: 300px;
            min-height: 300px;
            margin: 30px;
            display: inline-block;
```

```css
        background: #fff;
        border: 1px solid #ccc;
        position:relative;
    }
    .box p {
        margin: 30px;
        color: #aaa;
        outline: none;
    }
    /*=========Box1==========*/
    .box1{
            background: -webkit-gradient(linear, 0% 20%, 0% 100%,
from(#fff), to(#fff), color-stop(.1,#f3f3f3));
            background: -webkit-linear-gradient(0% 0%, #fff, #f3f3f3 10%,
#fff);
            background: -moz-linear-gradient(0% 0%, #fff, #f3f3f3 10%,
#fff);
            background: -o-linear-gradient(0% 0%, #fff, #f3f3f3 10%,
#fff);
        -webkit-box-shadow: 0px 3px 30px rgba(0, 0, 0, 0.1) inset;
        -moz-box-shadow: 0px 3px 30px rgba(0, 0, 0, 0.1) inset;
        box-shadow: 0px 3px 30px rgba(0, 0, 0, 0.1) inset;
        -moz-border-radius: 0 0 6px 0 / 0 0 50px 0;
        -webkit-border-radius: 0 0 6px 0 / 0 0 50px 0;
        border-radius: 0 0 6px 0 / 0 0 50px 0;
    }
        .box1:before{
        content: '' ;
        width: 50px;
        height: 100px;
        position:absolute;
        bottom:0; right:0;
        -webkit-box-shadow: 20px 20px 10px rgba(0, 0, 0, 0.1);
        -moz-box-shadow: 20px 20px 15px rgba(0, 0, 0, 0.1);
        box-shadow: 20px 20px 15px rgba(0, 0, 0, 0.1);
        z-index:-1;
         -webkit-transform: translate(-35px,-40px)    skew(0deg,30deg)
rotate(-25deg);
                -moz-transform: translate(-35px,-40px)  skew(0deg,32deg)
rotate(-25deg);
                -o-transform: translate(-35px,-40px)  skew(0deg,32deg)
rotate(-25deg);
                    transform: translate(-35px,-40px)  skew(0deg,32deg)
rotate(-25deg);
        }
        .box1:after{
        content: '' ;
        width: 100px;
        height: 100px;
        top:0; left:0;
        position:absolute;
        display: inline-block;
        z-index:-1;
```

```css
                -webkit-box-shadow: -10px -10px 10px rgba(0, 0, 0, 0.2);
                -moz-box-shadow: -10px -10px 15px rgba(0, 0, 0, 0.2);
                box-shadow: -10px -10px 15px rgba(0, 0, 0, 0.2);
                    -webkit-transform: rotate(2deg)        translate(20px,25px)
skew(20deg);
                -moz-transform: rotate(7deg) translate(20px,25px) skew(20deg);
                -o-transform: rotate(7deg) translate(20px,25px) skew(20deg);
                    transform: rotate(7deg) translate(20px,25px) skew(20deg);
            }
        </style>
    </head>
    <body>
    <DIV class="demo">
    <DIV class="box box1">
        <p><img src="images/12-1-01.jpg" width="242" height="327" /><span
style="text-align: center"></span>好创意商店</p>
    </DIV>
    </DIV>
```

03 浏览网页。执行"文件→保存"命令保存网页，按【F12】键浏览网页，如下图所示。

Example 02　制作商品图文列表

案例展示 >>>

光盘路径

素材文件：光盘素材 \ 素材文件 \ 第 12 章 \ Example 02\12-2-01.jpg、12-2-02.jpg、12-2-03.jpg
结果文件：光盘素材 \ 结果文件 \ 第 12 章 \ Example 02\12-2.html
多媒体教学文件：光盘素材 \ 教学文件 \ 第 12 章 \ Example 02\12-2.avi

设计分析 ⟫⟫

难易难度： ★★★☆☆

操作提示： 本例使用 CSS 制作图文列表，并且将鼠标指向图片会产生抖动的效果。

技能要点： 添加 CSS 代码。

步骤详解 ⟫⟫

01 添加代码。新建一个网页文件，单击 代码 按钮，切换到"代码"视图，在 <title> 无标题文档 </title> 标签的下方输入如下代码，如左下图所示。

```
<style>
body, button, input, select, textarea{font: 12px/1.125 Arial, Helvetica,
sans-serif;_font-family: "SimSun";}
body, h1, h2, h3, h4, h5, h6, dl, dt, dd, ul, ol, li, th, td, p,
blockquote, pre, form, fieldset, legend, input, button, textarea, hr{margin:
0;padding: 0;}
body{background:#f4f4f4;}
table{border-collapse: collapse;border-spacing: 0;}
li{list-style: none;}
fieldset, img{border: 0;}
q:before, q:after{content: "";}
a:focus, input, textarea{outline-style: none;}
input[type="text"], input[type="password"], textarea{outline-style:
none;-webkit-appearance: none;}
textarea{resize: none;}
address, caption, cite, code, dfn, em, i, th, var, b{font-style:
normal;font-weight: normal;}
abbr, acronym{border: 0;font-variant: normal;}
a{text-decoration: none;}
a:hover{text-decoration: underline;}
a{color: #0a8cd2;text-decoration: none;}
a:hover{text-decoration: underline;}
.clearfix:after{content: ".";display: block;height: 0;clear:
both;visibility: hidden;}
.clearfix{display:inline-block;}
.clearfix{display: block;}
.clear{clear: both;height: 0;font: 0/0 Arial;visibility: hidden;}
.left{float:left;}
.right{float:right;}
.buybtn{border-width: 1px;border-style: solid;border-color:
#FF9B01;background-color: #FFA00A;color: white;border-radius: 2px;display:
inline-block;overflow: hidden;vertical-align: middle;cursor: pointer;}
```

```
    .buybtn:hover{text-decoration: none;background: #FFB847;background:
-webkit-gradient(linear,left top,left bottom,color-stop(0%,rgba(255, 184, 71,
1)),color-stop(100%,rgba(255, 162, 16, 1)));}
    .buybtn span{border-color: #FFB33B;padding: 0 9px 0 10px;white-space:
nowrap;display: inline-block;border-style: solid;border-width: 1px;border-
radius: 2px;height: 18px;line-height: 17px;vertical-align: middle;}
    .zzsc-list{width:700px;margin:100px auto;}
    .zzsc-list .dressing{float:left;_display:inline;margin:8px;margin-
top:15px;}
    .zzsc-list .dressing_wrap, .zzsc-list .dressing_wrapB{position: relative;_
zoom: 1;border-radius: 2px;background: #F1F1F1;border-style: solid;border-
width: 1px;}
    .zzsc-list .skinimg{z-index: 2;border-style: solid;border-width:
2px;border-color: #fff;}
    .zzsc-list .skinimg a{display: block;overflow: hidden;}
    .zzsc-list .skinimg img{display: inline-block;}
    .zzsc-list .skinimg .loading{border-radius: 0;width: 31px;height:
31px;padding-left: 97px;padding-top: 59px;}
    .zzsc-list .dressing_wrap{border-color: #d8d8d8;-webkit-box-shadow: 0 3px
6px -4px rgba(0,0,0,1);box-shadow: 0 3px 6px -4px rgba(0,0,0,1);background:
#FFF;border: 1px solid #c4c4c4;border-radius: 2px;-webkit-box-shadow: 0 0 5px
0 rgba(0,0,0,.21);box-shadow: 0 0 5px 0 rgba(0,0,0,.21);}
    .zzsc-list .information_area{margin-bottom: 11px;}
    .zzsc-list .information_area_wrap{margin: auto;position: relative;}
    .zzsc-list .item, .zzsc-list .tipinfo{padding: 3px 10px 0 10px;}
    .zzsc-list .information_area h4, .zzsc-list .W_vline, .zzsc-list
.price{margin-top: 6px;}
    .zzsc-list .information_area h4 a{cursor: default;}
    .zzsc-list .price{color: #333;}
    .zzsc-list .price a:hover{text-decoration: underline;}
    .zzsc-list .op a{color: #0989d1;}
    .zzsc-list .W_vline{color: #999;margin-right: 8px;margin-left: 10px;}
    .zzsc-list .t_open{margin-top: 5px;}
    .zzsc-list .price{color:#f80;font:normal 12px/normal 'microsoft yahei';}
    .zzsc-list .skinimg img:hover{-webkit-animation: tada 1s .2s ease both;-
moz-animation: tada 1s .2s ease both;}
    @-webkit-keyframes tada{0%{-webkit-transform:scale(1);}
    10%, 20%{-webkit-transform:scale(0.9) rotate(-3deg);}
    30%, 50%, 70%, 90%{-webkit-transform:scale(1.1) rotate(3deg);}
    40%, 60%, 80%{-webkit-transform:scale(1.1) rotate(-3deg);}
    100%{-webkit-transform:scale(1) rotate(0);}}
    @-moz-keyframes tada{0%{-moz-transform:scale(1);}
```

```
        10%, 20%{-moz-transform:scale(0.9) rotate(-3deg);}
        30%, 50%, 70%, 90%{-moz-transform:scale(1.1) rotate(3deg);}
        40%, 60%, 80%{-moz-transform:scale(1.1) rotate(-3deg);}
        100%{-moz-transform:scale(1) rotate(0);}}
    .zzsc-list .dressing_hover .information_area{-webkit-animation: flipInY
300ms .1s ease both;-moz-animation: flipInY 300ms .1s ease both;}
        @-webkit-keyframes flipInY{0%{-webkit-transform:perspective(400px)
rotateY(90deg);
        opacity:0;}
        40%{-webkit-transform:perspective(400px) rotateY(-10deg);}
        70%{-webkit-transform:perspective(400px) rotateY(10deg);}
        100%{-webkit-transform:perspective(400px) rotateY(0deg);
        opacity:1;}}
        @-moz-keyframes flipInY{0%{-moz-transform:perspective(400px)
rotateY(90deg);
        opacity:0;}
        40%{-moz-transform:perspective(400px) rotateY(-10deg);}
        70%{-moz-transform:perspective(400px) rotateY(10deg);}
        100%{-moz-transform:perspective(400px) rotateY(0deg);
        opacity:1;}}
    </style>
    </head>
```

02 添加代码。在 <body> 和 </body> 标签之间输入如下代码，如右下图所示。

```
<DIV class=" zzsc-list" >
    <DIV class=" dressing" >
        <DIV class=" dressing_wrap" >
            <DIV class=" skinimg" ><img src=" images/12-2-01.jpg" width=" 171"
height=" 184" /></DIV>
            <DIV class=" information_area" >
                <DIV class=" information_area_wrap" >
                    <DIV class=" item clearfix" >
                        <h4 class=" left" >透明水杯 </h4>
                        <i class=" W_vline left" >|</i>
                        <DIV class=" price left" ><span> ￥26.00 </span></DIV>
                    </DIV>
                    <DIV class=" tipinfo clearfix" >
                            <DIV class=" t_open left" ><a href=" /" target=" _
blank" ><span>开通会员 </span></a>  <span class="W_textb">免费试用 </
span></DIV>
                            <DIV class=" right" ><a href=" /" class=" buybtn" ><span>购买
</span></a></DIV>
                    </DIV>
```

```
          </DIV>
        </DIV>
      </DIV>
    </DIV>
    <DIV class=" dressing" >
      <DIV class=" dressing_wrap" >
        <DIV class=" skinimg" ><a href=" /"  target=" _blank" ><img
src=" images/12-2-02.jpg"  width=" 171"  height=" 184" ></a></DIV>
          <DIV class=" information_area" >
            <DIV class=" information_area_wrap" >
              <DIV class=" item clearfix" >
                <h4 class=" left" >实木茶几</h4>
                <i class=" W_vline left" >|</i>
                <DIV class=" price left" ><span> ￥500.00 </span></DIV>
              </DIV>
              <DIV class=" tipinfo clearfix" >
                    <DIV class=" t_open left" ><a href=" /"  target=" _
blank" ><span> 开通会员 </span></a>  <span class="W_textb"> 免费试用 </
span></DIV>
                    <DIV class=" right" ><a href=" /"  class=" buybtn" ><span> 购买
</span></a></DIV>
              </DIV>
            </DIV>
          </DIV>
      </DIV>
    </DIV>
    <DIV class=" dressing" >
      <DIV class=" dressing_wrap" >
        <DIV class=" skinimg" ><a href=" /"  target=" _blank" ><img
src=" images/12-2-03.jpg"  width=" 171"  height=" 184" ></a></DIV>
          <DIV class=" information_area" >
            <DIV class=" information_area_wrap" >
              <DIV class=" item clearfix" >
                <h4 class=" left" >欧式墙纸</h4>
                <i class=" W_vline left" >|</i>
                <DIV class=" price left" ><span> ￥98.00 </span></DIV>
              </DIV>
              <DIV class=" tipinfo clearfix" >
                    <DIV class=" t_open left" ><a href=" /"  target=" _
blank" ><span> 开通会员 </span></a>  <span class="W_textb"> 免费试用 </
span></DIV>
                    <DIV class=" right" ><a href=" /"  class=" buybtn" ><span> 购买
```

```
</span></a></DIV>
                </DIV>
            </DIV>
          </DIV>
        </DIV>
      </DIV>
      <DIV style="clear:both"></DIV>
    </DIV>
    <DIV style="text-align:center;margin:50px 0; font:normal 14px/24px
'MicroSoft YaHei';">
      </DIV>
```

03 预览网页。保存文件并按【F12】键浏览网页，将鼠标移至图片上，将会出现抖动的效果，如下图所示。

Example 03 在网页中放大文字

案例展示 >>>

光盘路径

素材文件：光盘素材 \ 素材文件 \ 第 12 章 \ Example 03\12-3-01.jpg
结果文件：光盘素材 \ 结果文件 \ 第 12 章 \ Example 03\12-3.html
多媒体教学文件：光盘素材 \ 教学文件 \ 第 12 章 \ Example 03\12-3.avi

设计分析 >>>

难易难度：★★★☆☆

操作提示：本例通过添加代码与设置页面属性来制作文字的放大显示效果。

技能要点：添加代码、设置页面属性。

步骤详解 >>>

01 输入代码。新建一个网页文件，单击 代码 按钮进入代码视图，在 <body> 和 </body> 标签之间输入如下代码，如左下图所示。

```
<style type="text/css">
<!--
a {
    float:left;
    margin:5px 1px 0 1px;
    width:20px;
    height:20px;
    color:#FFF;
    font:12px/20px 宋体 ;
    text-align:center;
    text-decoration:none;
    border:1px solid orange;
    }
a:hover {
    position:relative;
    margin:0 -9px 0 -9px;
    padding:0 5px;
```

```
        width:30px;
        height:30px;
        font:bold 16px/30px 宋体 ;
        color:#000;
        border:1px solid black;
        background:#eee;
        }
-->
</style>
<DIV>
<a href="#">点 </a>
<a href="#">击 </a>
<a href="#">图 </a>
<a href="#">片 </a>
<a href="#">进 </a>
<a href="#">行 </a>
<a href="#">壁 </a>
<a href="#">纸 </a>
<a href="#">下 </a>
<a href="#">载 </a>
</DIV>
```

02 设置单元格背景颜色。单击 设计 按钮，切换到"设计"视图，执行"修改→页面属性"命令，打开"页面属性"对话框，在对话框中为网页设置一幅背景图像（images/12-3-01.JPG），如右下图所示。

03 浏览网页。执行"文件→保存"命令，将文件进行保存，然后按【F12】键浏览网页，如下图所示。

 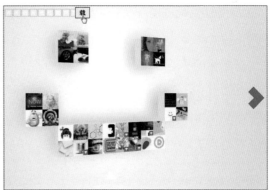

Example 04 创意六边形菜单设计

案例展示 >>>

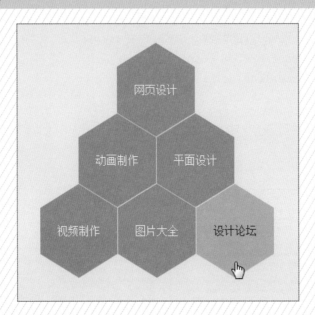

光盘路径

素材文件：无
结果文件：光盘素材 \ 结果文件 \ 第 12 章 \ Example 04\12-4.html
多媒体教学文件：光盘素材 \ 教学文件 \ 第 12 章 \ Example 04\12-4.avi

设计分析 >>>

难易难度：★★★☆☆

操作提示：本例通过添加代码、设置网页背景颜色来制作。

技能要点：添加代码、设置网页背景颜色。

步骤详解 >>>

01 添加代码。新建一个网页文件，单击 代码 按钮，切换到"代码"视图，在 <title> </title> 标签之间添加如下代码，如左下图所示。

```
<style>
.wrap{margin:100px;width:303px;}
.nav{width:100px;height:58px;background:#339933;display:inline-block;position:relative;line-height:58px;text-align:center;color:#ffffff;font-size:14px;text-decoration:none;float:left;margin-top:31px;margin-right:1px;}
.nav s{width:0;height:0;display:block;overflow:hidden;position:absolute;border-left:50px dotted transparent;border-right:50px dotted transparent;border-bottom:30px solid #339933;left:0px;top:-30px;}
.nav b{width:0;height:0;display:block;overflow:hidden;position:absolute;border-left:50px dotted transparent;border-right:50px dotted transparent;border-top:30px solid #339933;bottom:-30px;left:0px;}
.a0{margin-left:100px;}
.a1{margin-left:50px;}
.nav:hover{background:#8CBF26;color:#333333;}
.nav:hover s{border-bottom-color:#8CBF26;}
.nav:hover b{border-top-color:#8CBF26;}
</style>
```

02 添加代码。在 <body> 和 </body> 标签之间添加代码，如右下图所示。

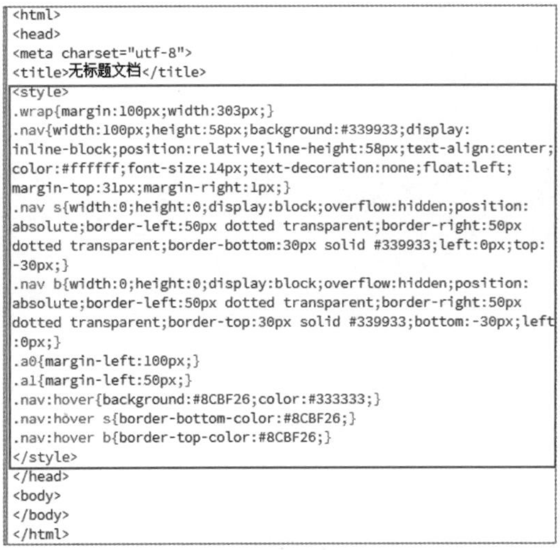

```
<html>
<head>
<meta charset="utf-8">
<title>无标题文档</title>
<style>
.wrap{margin:100px;width:303px;}
.nav{width:100px;height:58px;background:#339933;display:
inline-block;position:relative;line-height:58px;text-align:center;
color:#ffffff;font-size:14px;text-decoration:none;float:left;
margin-top:31px;margin-right:1px;}
.nav s{width:0;height:0;display:block;overflow:hidden;position:
absolute;border-left:50px dotted transparent;border-right:50px
dotted transparent;border-bottom:30px solid #339933;left:0px;top:
-30px;}
.nav b{width:0;height:0;display:block;overflow:hidden;position:
absolute;border-left:50px dotted transparent;border-right:50px
dotted transparent;border-top:30px solid #339933;bottom:-30px;left:
0px;}
.a0{margin-left:100px;}
.a1{margin-left:50px;}
.nav:hover{background:#8CBF26;color:#333333;}
.nav:hover s{border-bottom-color:#8CBF26;}
.nav:hover b{border-top-color:#8CBF26;}
</style>
</head>
<body>
</body>
</html>
```

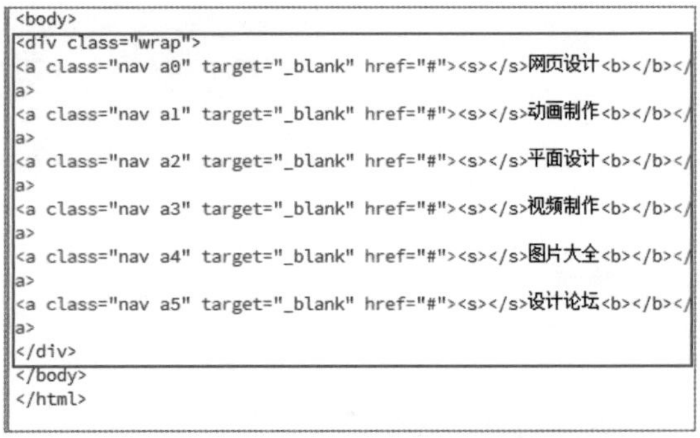

```
<body>
<div class="wrap">
<a class="nav a0" target="_blank" href="#"><s></s>网页设计<b></b></a>
<a class="nav a1" target="_blank" href="#"><s></s>动画制作<b></b></a>
<a class="nav a2" target="_blank" href="#"><s></s>平面设计<b></b></a>
<a class="nav a3" target="_blank" href="#"><s></s>视频制作<b></b></a>
<a class="nav a4" target="_blank" href="#"><s></s>图片大全<b></b></a>
<a class="nav a5" target="_blank" href="#"><s></s>设计论坛<b></b></a>
</div>
</body>
</html>
```

03 设置网页背景颜色。单击 设计 按钮，切换到"设计"视图，执行"修改→页面属性"命令，打开"页面属性"对话框，在对话框中将网页的背景颜色设置为灰色(#EEEEEE)，如左下图所示。

04 浏览网页。执行"文件→保存"命令，将文件进行保存，然后按【F12】键浏览网页，如右下图所示。

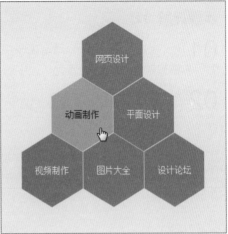

Example 05　制作动态模糊网页

案例展示 >>>

光盘路径

素材文件：光盘素材 \ 素材文件 \ 第 12 章 \ Example 05\12-5-01.jpg、12-5-02.jpg
结果文件：光盘素材 \ 结果文件 \ 第 12 章 \ Example 05\12-5.html
多媒体教学文件：光盘素材 \ 教学文件 \ 第 12 章 \ Example 05\12-5.avi

设计分析 >>>

难易难度：★ ★ ☆ ☆ ☆

操作提示：本例使用表格布局与 CSS 样式来制作。

技能要点：插入表格、选择 CSS 样式。

步骤详解 >>>

01 插入表格。执行"插入→表格"命令，插入一个2行1列、宽为999像素的表格，并在"属性"面板中将其的对齐方式设置为"居中对齐"，将"填充"和"间距"设置为0，如左下图所示。

02 插入图像。将光标移至表格的第1行单元格中，执行"插入→图像→图像"命令，将素材文件12-5-01.jpg插入单元格中，如右下图所示。

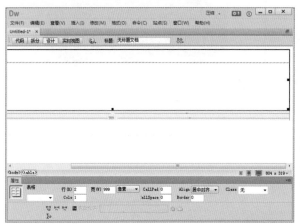

03 插入图像。将光标移至表格的第2行单元格中，执行"插入→图像→图像"命令，将素材文件12-5-02.jpg插入单元格中，如左下图所示。

04 添加代码。单击 代码 按钮，切换到"代码"视图，在 \<title\> 无标题文档 \</title\> 标签的下方输入如下代码，如右下图所示。

```
<style type="text/css">
.c1 {
    filter: Blur(Add=add,Direction=3,Strength=30);
}
</style>
```

```
<!doctype html>
<html>
<head>
<meta charset="utf-8">
<title>无标题文档</title>
<style type="text/css">
.c1 {
    filter: Blur(Add=add,Direction=3,Strength=30);
}
</style>
</head>
<body>
<table width="999" border="0" align="center" cellpadding="0"
cellspacing="0">
  <tr>
    <td><img src="file:///D|/shizhan/images/12-5-01.jpg" width=
"999" height="249"  alt=""/></td>
  </tr>
    <tr>
```

大师点拨
→
动态模糊效果中的Blur属性

制作动态模糊效果的Blur属性共有3个参数，分别是Add、Direction和Strength。

Add是一个布尔值参数，有true和false两个参数值，意思是指定图片是否被改变成模糊效果，其中true为默认值。

Direction用来设置模糊的方向，模糊方向效果是按照顺时针方向进行，其中0°代表垂直向上，每45°一个单位，默认值是向左的270°。

Strength只能使用整数来指定，它代表有多少像素的宽度将受到模糊影响。

05 选择样式。单击 设计 按钮，切换到"设计"视图，选择要添加动态模糊效果的图像，在"属性"面板上 "Class"下拉列表中选择"c1"选项，如左下图所示。

06 浏览网页。执行"文件→保存"命令，将文件进行保存，然后按【F12】键浏览网页，如右下图所示。

Example 06　制作卡通网页

案例展示 >>>

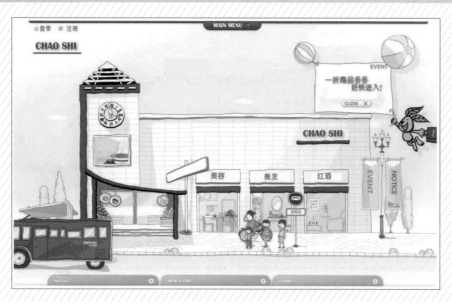

光盘路径
素材文件：光盘素材 \ 素材文件 \ 第 12 章 \ Example 06\12-6-01.jpg、12-6-02.jpg、12-6-03.jpg
结果文件：光盘素材 \ 结果文件 \ 第 12 章 \ Example 06\12-6.html
多媒体教学文件：光盘素材 \ 教学文件 \ 第 12 章 \ Example 06\12-6.avi

设计分析 >>>

难易难度： ★ ★ ★ ☆ ☆

操作提示： 本例使用 DIV 来进行网页布局，然后插入图像来制作。

技能要点： 使用 DIV 网页布局、插入图像。

步骤详解 >>>

01 设置 ID。 在 Dreamweaver CC 中新建一个网页文件，将光标放置于页面中，执行"插入→ DIV"命令，打开"插入 DIV"对话框，在"ID"文本框中输入"top"，如左下图所示。

02 插入 DIV。 设置完成后单击"确定"按钮，即可在页面中插入名称为 top 的 DIV，页面效果如右下图所示。

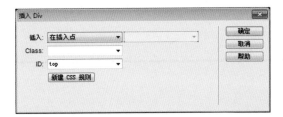

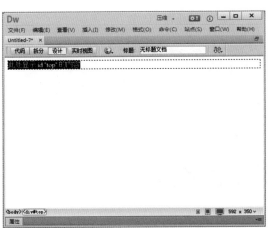

大师点拨 →

指定插入的 DIV 标签位置

在"插入 DIV"的对话框中，通过"插入"下拉列表，可以指定插入的 DIV 标签位置，共包括 5 个选项。

● 在插入点：将 DIV 插入在光标当前所在的位置。
● 在标签前：将 DIV 插入在所选标签的前面。
● 在开始标签之后：将 DIV 插入在所选标签的开始标签之后。
● 在开始标签之前：将 DIV 插入在所选标签的结束标签之前。
● 在标签后：将 DIV 插入在所选标签的后面。

03 插入图像。 将光标移至名为 top 的 DIV 中，将多余的文本内容删除，执行"插入→图像→图像"命令，将素材文件 12-6-01.jpg 插入单元格中，如左下图所示。

04 设置插入点。 执行"插入 → DIV"命令，打开"插入 DIV"对话框，在"插入"下拉列表中选择"在标签后"选项，并在右侧的下拉列表中选择 <DIV id="top"> 选项，在"ID"下拉列表中输入"main"，如右下图所示。

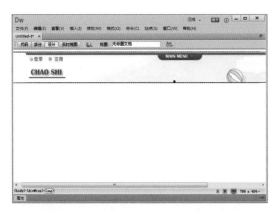

05 插入 DIV。设置完成后单击"确定"按钮，即可在页面中插入名称为 main 的 DIV，页面效果如左下图所示。

06 插入图像。将光标移至名为 main 的 DIV 中，将多余的文本内容删除，执行"插入→图像→图像"命令，将素材文件 12-6-02.jpg 插入单元格中，如右下图所示。

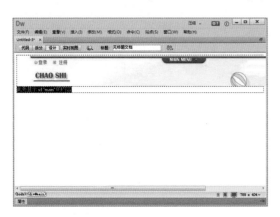

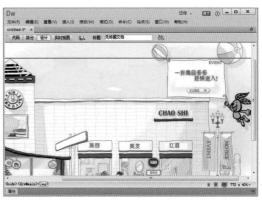

07 设置插入点。执行"插入→ DIV"命令，打开"插入 DIV"对话框，在"插入"下拉列表中选择"在标签后"选项，并在右侧的下拉列表中选择 <DIV id="main"> 选项，在"ID"下拉列表中选择"footer"选项，如左下图所示。

08 插入 DIV。设置完成后单击"确定"按钮，即可在页面中插入名称为 main 的 DIV，页面效果如右下图所示。

09 插入图像。将光标移至名为 main 的 DIV 中，将多余的文本内容删除，执行"插入→图像→图像"命令，将素材文件 12-6-03.jpg 插入单元格中，如左下图所示。

10 设置网页边距。执行"修改→页面属性"命令，打开"页面属性"对话框，在"上边距"和"下边距"的文本框中输入"0"，完成后单击"确定"按钮，如右下图所示。

11 浏览网页。执行"文件→保存"命令，将文件进行保存，然后按【F12】键浏览网页，如下图所示。

Example 07　制作时尚网页

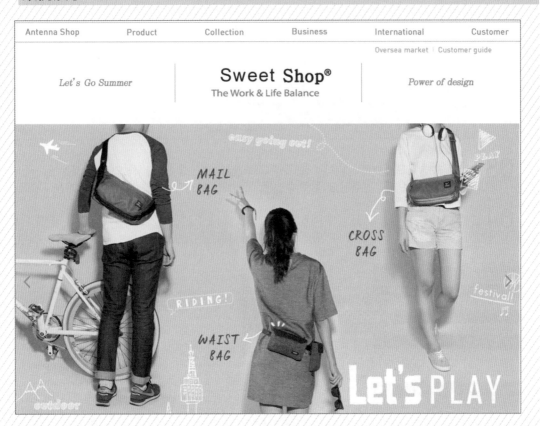

光盘路径

素材文件：光盘素材 \ 素材文件 \ 第 12 章 \ Example 07\images
结果文件：光盘素材 \ 结果文件 \ 第 12 章 \ Example 07\12-7.html
多媒体教学文件：光盘素材 \ 教学文件 \ 第 12 章 \ Example 07\12-7.avi

设计分析 >>>

难易难度：★★★★☆

操作提示：本例主要使用 DIV+CSS 布局来制作。

技能要点：DIV+CSS 布局、插入图像。

步骤详解 >>>

01 保存文件。在 Dreamweaver CC 中新建一个网页文件，然后执行"文件→保存"命令，将文件保存为 12-7.html，如左下图所示。

02 创建 CSS 文件。执行"文件→新建"命令，打开"新建文档"对话框，在"页面类型"栏中选择 CSS 选项，然后单击 创建(R) 按钮，如右下图所示。将创建的 CSS 文件保存为 css.css，按照同样的方法再创建一个 DIV.css 文件。

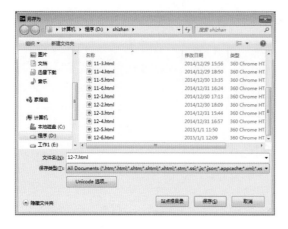 

03 附加现有的 CSS 文件。执行"窗口→CSS 设计器"命令，打开"CSS 设计器"面板，单击"添加 CSS 源"按钮，在弹出的菜单中选择"附加现有的 CSS 文件"命令，如左下图所示。

04 选择样式表文件。打开"使用现有的 CSS 文件"对话框，选择"链接"选项，单击 浏览 按钮，打开"选择样式表文件"对话框，然后选择刚创建的 css.css 文件，如右下图所示。

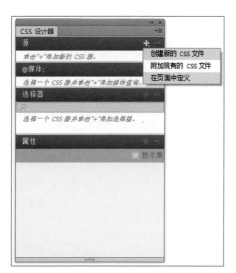 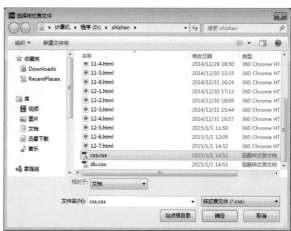

05 链接 CSS 文件。完成后单击"确定"按钮，即可将外部样式表文件 css.css 链接到页面中，如左下图所示。

06 链接 CSS 文件。按照同样的方法，将刚新建的外部样式表文件 DIV.css 也链接到页面中，如右下图所示。

07 添加规则代码。切换到 css.css 文件，创建一个名为 * 的标签 CSS 规则，如左下图所示。

```
*{
    margin:0px;
    border:0px;
    padding:0px;
}
```

08 添加规则代码。按照同样的方法再创建一个名为 body 的标签 CSS 规则，如右下图所示。

```
body{
    background-image:url(/images/12-7-01.jpg);
    background-repeat:repeat-x;
    background-position:0px 541px;
    background-color:#161616;
    font-family:" 宋体 ";
    font-size:12px;
    color:#fff;
}
```

09 查看效果。切换到"设计"视图，可以看到刚才 css.css 文件的设置已经对网页产生了效果，如左下图所示。

10 打开"插入 DIV"对话框。将光标放置于页面中，执行"插入→DIV"命令，打开"插入 DIV"对话框，在"ID"下拉列表框中选择"box"选项，如右下图所示。

11 插入 DIV。设置完成后单击"确定"按钮，即可在页面中插入名称为 box 的 DIV，页面效果如左下图所示。

12 添加规则代码。切换到 DIV.css 文件，创建一个名为 #box 的 CSS 规则，如右下图所示。

```css
#box {
    width:100%;
    height:1427px;
    background-image:url(/images/12-7-02.png);
    background-repeat:no-repeat;
    background-position:center top;
}
```

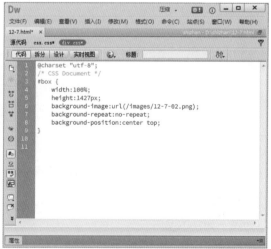

13 查看效果。单击 设计 按钮返回"设计"视图中，页面效果如左下图所示。

14 插入 DIV。将光标移至名为 box 的 DIV 中，将多余的文本内容删除，执行"插入→ DIV"命令，打开"插入 DIV"对话框，在"ID"下拉列表框中选择"top"选项，如右下图所示。完成后单击"确定"按钮，即可在名为 box 的 DIV 中插入名为 top 的 DIV。

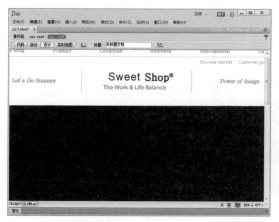

15 **添加规则代码**。切换到 DIV.css 文件，创建一个名为 #top 的 CSS 规则，如左下图所示。返回设计视图中，页面效果如右下图所示。

```
#top {
    width:1310px;
    height:555px;
    margin:auto;
}
```

16 **插入 Flash**。在名为 top 的 DIV 中，将多余的文本内容删除，执行"插入→媒体→ Flash SWF"命令，将一个 Flash 动画插入到名为 top 的 DIV 中，如左下图所示。

17 **添加规则代码**。执行"插入→ DIV"命令，在名为 top 的 DIV 中插入名为 top01 的 DIV，将页面切换到 DIV.css 文件，创建一个名为 #top 01 的 CSS 规则，如右下图所示。

```
#top01 {
    width:1310px;
    height:555px;
    position:absolute;
    top:0px;
    left:50%;
    margin-left:-493px;
}
```

18 查看效果。单击 设计 按钮返回"设计"视图中，页面效果如左下图所示。

19 添加规则代码。在名为 top01 的 DIV 中将多余的文本内容删除，执行"插入→媒体→ Flash SWF"命令，将一个 Flash 动画插入名为 top01 的 DIV 中，然后在"属性"面板上 "Wmode"下拉列表中选择"透明"选项，如右下图所示。

20 插入 DIV。将光标放置于页面的空白处，执行"插入→ DIV"命令，打开"插入 DIV"对话框，在"ID"下拉列表框中选择"footer"选项，完成后单击"确定"按钮，如左下图所示。

21 插入图像。将光标移至名为 footer 的 DIV 中，将多余的文本内容删除，执行"插入→图像→图像"命令，在名为 footer 的 DIV 中插入素材文件 12-7-03.jpg，如右下图所示。

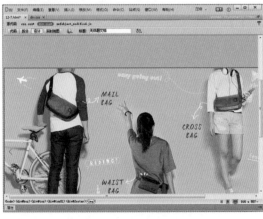

22 浏览网页。执行"文件→保存"命令，将文件进行保存，然后按【F12】键浏览网页，如下图所示。

学习小结

　　本章介绍了多个使用 CSS 与 DIV 设计的网页，CSS 与 DIV 布局是一种很新颖的布局理念，首先要将页面使用 <DIV> 整体划分为几个板块，然后对各个板块进行 CSS 定位，最后在各个板块中添加相应的内容。

CHAPTER

13

DESIGNER

网页布局设计

　　在网页布局方面，表格可谓是起着举足轻重的作用，通过设置表格及单元格的属性，对页面中的元素进行准确定位，使页面在形式上更加丰富多彩，又能对页面进行更加合理的布局。同时，对协调页面的均衡也有极大的帮助。

知识讲解——行业知识链接

Dreamweaver 的网页布局功能非常强大，下面给大家介绍一下网页布局的知识。

Point 01　网站栏目和页面设计策划

1. 网站的栏目策划

相对于网站页面及功能规划，网站栏目规划的重要性常会被忽略。其实，网站栏目规划对于网站的成败有着非常直接的关系，网站栏目兼具以下两个功能，二者不可或缺。

第一个：提纲挈领，点题明义。

随着网速越来越快，网络信息越来越丰富，浏览者却越来越缺乏浏览的耐心。打开网站不超过 10 秒，一旦找不到自己所需的信息，网站就会被浏览者毫不犹豫地关掉。要让浏览者停下匆匆的脚步，就要清晰地给出他们网站内容的"提纲"，也就是网站的栏目。

网站栏目的规划，其实也是对网站内容的高度提炼。即使是文字再优美的书籍，如果缺乏清晰的纲要和结构，恐怕也会被淹没在书本的海洋中。网站亦是如此，不管网站的内容有多么精彩，若缺乏准确的栏目提炼，也难以引起浏览者的关注。

因此，网站的栏目规划首先要做到"提纲挈领、点题明义"，用最简练的语言提炼出网站中每一个部分的内容，清晰地告诉浏览者网站有哪些信息和功能。

第二个：指引迷途，清晰导航。

网站的内容越多，浏览者也就越容易迷失。除了"提纲"的作用之外，网站栏目还应该为浏览者提供清晰直观的指引，帮助浏览者方便地到达网站里的所有页面。

网站栏目的导航作用，通常包括以下四种情况。

（1）全局导航：全局导航可以帮助用户随时去到网站的任何一个栏目。并可以轻松地跳转到另一个栏目。通常来说，全局导航的位置是固定的，以减少浏览者查找的时间。

（2）路径导航：路径导航显示了用户浏览页面的所属栏目及路径，帮助用户访问该页面的上下级栏目，从而更完整地了解网站信息。

（3）快捷导航：对于网站的老用户而言，需要快捷地到达所需栏目，快捷导航为这些用户提供了直观的栏目链接，以减少用户的单击次数和时间，提升浏览效率。

（4）相关导航：为了增加用户的停留时间，网站策划者需要充分考虑到浏览者的需求，为页面设置相关导航，让浏览者可以方便到所关注的相关页面，从而增进对企业的了解，提升合作概率。

归根结底，成功的栏目规划，还是基于对用户需求的理解。对于用户和需求理解得越准确，越深入，网站的栏目也就越具吸引力，也能够留住更多的潜在客户。

2. 网站的页面策划

网站页面是网站营销策略的最终表现层，也是用户访问网站的直接接触层。同时，网站页面的规划也最容易让项目团队产生分歧。

网页设计师说：我最知道审美的标准，对于网页设计，我最有发言权；

网站开发者说：网站程序是我开发的，我最清楚我的程序要如何呈现给用户；

企业决策者说：我最了解我的企业和我的客户，我最能判断他们需要怎样的网站；

网站策划者说：网站的定位和规划源自于我，我才是最终的决断者。

每个人说的都没有错，但是每个人都只看到了问题的一个方面。对于网页设计的评估，最有发言权的当然还是网站的用户，然而用户却无法明确地告诉我们，他们想要的是什么样的网页，停留或者离开网站是他们表达意见最直接的方法。好的网站策划者除了要听取团队中各个角色的意见之外，还要善于从用户的浏览行为中捕捉到用户的意见。

除此之外，建议网站策划者在做网页规划时，遵循以下的原则。

（1）符合用户的行业属性及网站特点

在用户打开网页的一瞬间，让用户直观地感受到网站所要传递的理念及特征，如网页色彩、图片、布局等。

（2）符合用户的浏览习惯

根据网页内容的重要性进行排序，让用户使用最少的光标移动，来寻找到所需的信息。

（3）符合用户的使用习惯

根据网页用户的使用习惯，将用户最常使用的功能放置于醒目的位置，以便利于用户的查找及使用。

（4）图文搭配，重点突出

用户对于图片的认知程度远高于对文字的认知程度，适当地使用图片可以提高用户的关注度。此外，确立页面的视觉焦点也很重要，过多的干扰元素会让用户不知所措。

（5）利于搜索引擎优化

减少 Flash 和大图片的使用，多用文字及描述，以便于搜索引擎更容易搜录网站，让用户更容易找到所需的内容。

Point 02 点、线、面的构成

点、线、面是构成视觉空间的基本元素，是表现视觉形象的基本设计语言。网页设计实际上就是如何经营好三者的关系，因为不管是任何的视觉形象或者版式构成，归根结底，都可以归纳为点、线和面。一个按钮，一个文字是一个点。几个按钮或者几个文字的排列形成线。而线的移动或者数行文字或者一块空白可以理解为面。

1. 点的构成

在网页中，一个单独而细小的形象可以称之为点。点是相比较而言的，比如一个汉字是由很多笔画组成的，但是在整个页面中，可以称为一个点。点也可以是网页中相对微小单纯的视觉形象，如按钮、Logo 等。

需要说明的是，并不是只有圆的形才叫点，方形、三角形、自由形都可以作为视觉上的点，点是相对线和面而存在的视觉元素。

点是构成网页的最基本单位，在网页设计中，我们经常需要主观地加一些点，如在新闻的标题后面加一个 NEW，在每小行文字的前面加一个方或者圆的点。点在页面中起到活泼生动的作用，使用得当，甚至可以起到画龙点睛的效果。一个网页往往需要有数量不等，形状各异的点来构成。点的形状、方向、大小、位置、聚集、发散，能够给人带来不同的心理感受。

2．线的构成

点的延伸形成线，线在页面中的作用在于表示方向、位置、长短、宽度、形状、质量和情绪。

线是分割页面的主要元素之一，是决定页面现象的基本要素。线分为直线和曲线两种。这是线的总体形状。同时线还具有本体形状，两端形状。线的总体形状有垂直、水平、倾斜、几何曲线，自由线这几种可能。

线是具有情感的。如水平线给人开阔，安宁，平静的感觉；斜线具有动力，不安，速度和现代的意识；垂直线具有庄严，挺拔，力量，向上的感觉；曲线给人柔软流畅的女性特征；自由曲线是最好的情感抒发手段。

线分为四类：直线、曲线、折线及三者的混合。直线又有水平线、垂直线、斜线三种形式。其中，水平线给人平静、开阔、安逸的感受；垂直线给人崇高、挺拔、严肃的感受；曲线、折线、弧线具有强烈的动感，更容易引起视线的前进、后退或摆动。将不同的线运用到页面设计中，会获得不同的效果。知道何时应该运用什么样的线条，可以充分地表达你所想要体现的东西。左下图所示为线构成的网页。

3．面的构成

面是无数点和线的组合，面具有一定的面积和质量，占据空间的位置更多，因此相比点和线而言视觉冲击力更大、更强烈。

当页面中有一个点时，它能吸引人的视线。有两个点时，人的视线就会在这两点之间来回流动。当两个点错位排列时，则视线呈曲线摆动。当两个点有大小之别时，视线就会由大点流向小点，且产生透视效果，给人远近之感。当页面中有三个点时，视线会在这三个点之间流动，让人产生面的联想。在密集的相同形状的点中出现异形点时，则异形点特别能引起人们的注意。

可见，点的排列所引起的视觉流动，引入了时间的因素。利用点的大小、形状与距离的变化，可以设计出富于节奏韵律的页面。点的连续排列构成线，点与点之间的距离越近，则线的特性就越显著。点的密集排列构成面，同样，点的距离越近，面的特性也就越显著。

只有合理地安排好面的关系，才能设计出充满美感，艺术加实用的网页作品。在网页的视觉构成中，点、线、面既是最基本的造型元素，又是最重要的表现手段。在确定网页主体形象的位置、动态时，点、线、面将是需要最先考虑的因素。只有合理地安排好点、线、面的互相关系，才能设计出具有最佳视觉效果的页面。右下图所示为面构成的网页。

Point 03　网站页面版式设计

　　网站页面的布局版式、展示形式直接影响用户使用网站的方便性。合理的页面布局可以使用户快速发现网站的核心内容和服务；如果页面布局不合理，用户不知道如何获取所需的信息，或者很难找到相应的信息，那么他们就会离开这个网站，甚至以后都不会再访问这个网站。常见的网页布局形式大致有"国"字型，拐角型、框架型、封面型和 Flash 型布局。

1.　"国"字型布局

　　"国"字型布局如左下图所示。最上面是网站的标志、广告及导航栏，接下来是网站的主要内容，左右分别列出一些栏目，中间是主要部分，最下面是网站的一些基本信息，这种结构是国内一些大中型网站常见的布局方式。优点是充分利用版面，信息量大，缺点是页面显得拥挤，不够灵活。

2.　拐角型布局

　　拐角型布局，是指页面顶部为标志＋广告条，下方左面为主菜单，右面显示为正文信息，如右下图所示。这是网页设计中使用广泛的一种布局方式，一般应用于企业网站中的二级页面。这种布局的优点是页面结构清晰、主次分明，是初学者最容易上手的布局方法。在这种类型中，一种很常见的类型是最上面为标题及广告，左侧是导航链接。

3．框架型布局

框架型布局一般分为上下或左右布局，一栏是导航栏目，另一栏是正文信息。复杂的框架结构可以将页面分成许多部分，常见的是三栏布局，如左下图所示。上边一栏放置图像广告，左边一栏显示导航栏，右边则显示正文信息。

4．封面型布局

封面型布局一般应用在网站的主页或广告宣传页上，为精美的图像加上简单的文字链接，指向网页中的主要栏目，或通过"进入"链接到下一个页面。右下图所示是"封面"型布局的网页。

5．Flash 型布局

Flash 布局与封面型的布局结构类似，不同的是页面采用了 Flash 技术，动感十足，可以极大地增强页面的视觉效果。左下图所示为采用的 Flash 型网页布局。

6．标题正文型

标题正文型即最上面是标题或类似的一些东西，下面是正文，如一些文章页面或注册页面等。右下图所示为采用的标题正文型网页布局。

实战应用——上机实战训练

下面，给读者介绍一些经典的网页布局设计，希望读者能跟着我们的讲解，一步一步地做出与书同步的效果。

Example 01 制作浮动框架网页

案例展示 >>>

光盘路径

素材文件：光盘素材 \ 素材文件 \ 第 13 章 \ Example 01\13-1-01.gif、13-1-02.jpg
结果文件：光盘素材 \ 结果文件 \ 第 13 章 \ Example 01\13-1.html
多媒体教学文件：光盘素材 \ 教学文件 \ 第 13 章 \ Example 01\13-1.avi

设计分析 >>>

难易难度： ★★★☆☆

操作提示： 本例主要使用插入表格、插入框架、在框架中链接网页来制作。

技能要点： 插入表格、插入框架、在框架中链接网页。

步骤详解 >>>

01 插入表格。执行"插入→表格"命令，插入一个 7 行 1 列，表格宽度为 500 像素，边框粗细、单元格边距和单元格间距均为"0"的表格，并在"属性"的面板中将表格设置为"居中对齐"，如左下图所示。

02 插入图像。执行"插入→图像→图像"命令，将素材文件 13-1-01.gif 插入表格的第 1 行单元格中，如右下图所示。

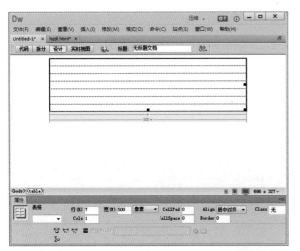

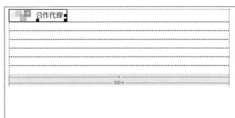

03 输入文字。将光标放置于表格的第 2 行单元格中，在该单元格中输入文字"——招商方式——"，文字大小为 12 像素，颜色为红色，如左下图所示。

04 输入文字。将光标放置于表格的第 3 行单元格中，在该单元格中输入产品招商要点的文字，文字大小为 12 像素，颜色为黑色，如右下图所示。

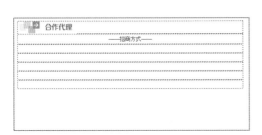

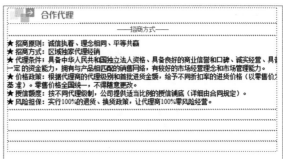

05 输入文字。将光标放置于表格的第 4 行单元格中，在该单元格中输入文字"——市场支持——"，文字大小为 12 像素，颜色为红色，如左下图所示。

06 输入文字。将光标放置于表格的第 5 行单元格中，在该单元格中输入公司对代理商家市场支持措施的文字，文字大小为 12 像素，颜色为黑色，如右下图所示。

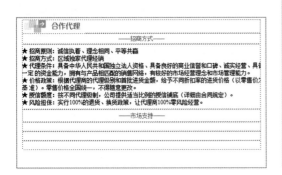

07 输入文字。将光标放置于表格的第 6 行单元格中，在该单元格中输入文字"——奖励措施——"，文字大小为 12 像素，颜色为红色，如左下图所示。

08 输入文字。将光标放置于表格的第 7 行单元格中，在该单元格中输入公司对代理商家奖励制度的文字，文字大小为 12 像素，颜色为黑色，如右下图所示。

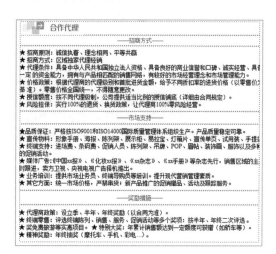

09 插入表格。执行"文件→保存"命令，将文件保存并命名为"111.html"。然后将该文档关闭。新建一个网页，在文档中插入一个 2 行 1 列，宽为 720 像素，边框粗细、单元格边距与单元格间距为 0 的表格，并将表格设置为居中对齐，如左下图所示。

10 插入图像。执行"插入→图像→图像"命令，在表格的第 1 行单元格中插入素材文件 13-1-02.jpg，如右下图所示。

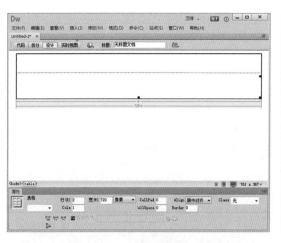
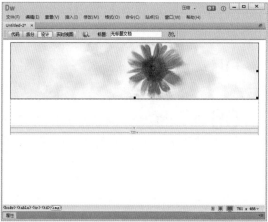

11 输入文字。将表格第 2 行单元格的背景颜色设置为蓝绿色（#43B091），然后在单元格中输入导航文字，如左下图所示。

12 插入表格。执行"插入→表格"命令，插入一个 1 行 2 列，宽为 720 像素，边框粗细、单元格边距和单元格间距均为"0"的表格，并在"属性"面板中将表格设置为"居中对齐"，如右下图所示。

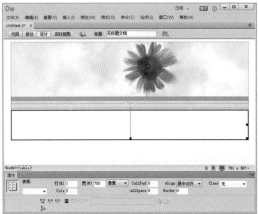

13 设置单元格宽度与背景。将表格左侧的单元格宽设置为 220，背景颜色设置为蓝色（#7BC2E0），如左下图所示。

14 设置"垂直"对齐方式。将光标放置于左侧的单元格中，在"属性"面板中将"垂直"对齐方式设置为"顶端"，如右下图所示。

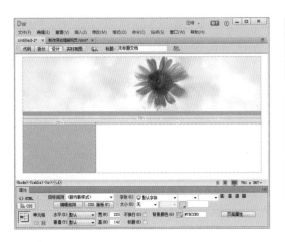

15 插入嵌套表格。在左侧单元格中插入一个 4 行 1 列，表格宽为 60，边框粗细、单元格边距和单元格间距均为"0"的嵌套表格，并在"属性"面板中将嵌套表格设置为"居中对齐"，如左下图所示。

16 输入文字。将嵌套表格各个单元格的背景颜色设置为蓝绿色（#43B091），然后分别在各行单元格中输入文字，如右下图所示。

大师点拨
→
像素和百分比的使用

表格大小的单位有两种，一种是像素，另一种是百分比。

像素，就像我们平时度量一棵树有多高时的"米"一样，它是一个度量单位，一旦加入数字就是一个准确的值，即绝对值。

百分比，它是一个相对大小。如在一张表格的某个单元格中再插入一张表格后，可以设置后插入表格的大小为一个百分比，如90%，即该表格的大小占表格所处单元格大小的90%。

像素和百分比分别在什么情况下使用呢？这主要是根据设计师的排版来决定。如果设计师需要一个固定尺寸的表格，可以选择像素，比如布局网页时的外框表格，用它来确定网页的大小；如果设计师不需要一个准确的大小，可以使用百分比，比如在某个区域内添加对象，但该对象需要与周围有一定的间距，此时可以采用百分比方式。

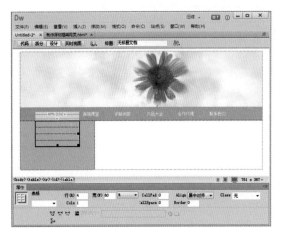 

17 将光标放置于表格的右侧单元格中，单击 代码 按钮，切换到"代码"视图，执行"插入 → iframe"命令，将 `<iframe></iframe>` 添加到代码视图中，如左下图所示。

18 选择"height"选项。将光标定位在 `<iframe>` 标签中，按空格键，在弹出的列表中选择"height"选项，如右下图所示。

19 设置浮动框架高度。双击"height"添加到代码视图中，添加到代码视图中变为：`<iframe height= " " ></iframe>`，在 " " 中输入"320"，即我们设置的浮动框架的高度，如左下图所示。

20 输入代码。在 `<iframe height= " 320 "` 后面输入代码 width= " 500 " scrolling= " auto " align= " middle "，如右下图所示。

21 选择"src"选项。在输入的代码后面按空格键，在弹出的列表中选择"src"选项，如左下图所示。

22 单击"浏览"按钮。双击"src"添加到代码视图中，单击出现的"浏览"按钮，如右下图所示。

23 选择网页文档。在弹出的"选择文件"对话框中，选择开始制作的"111html"文档，完成后单击"确定"按钮，如左下图所示。

24 添加浮动框架。单击 设计 按钮返回"设计"视图，浮动框架已添加到页面中，如右下图所示。

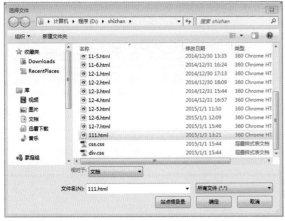

25 插入表格。将光标放置于页面的空白处，执行"插入→表格"命令，插入一个2行1列，宽为720像素，边框粗细为0的表格，并在"属性"面板中将其对齐方式设置为居中对齐，如左下图所示。

26 添加浮动框架。将表格各单元格的背景颜色设置为蓝绿色（#43B091），然后在各行的单元格中输入文字，如右下图所示。

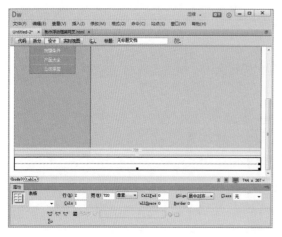 

27 设置上下边距。执行"修改→页面属性"命令，打开"页面属性"对话框，将"上边距"与"下边距"设置为 0，完成后单击"确定"按钮，如左下图所示。

28 浏览网页。执行"文件→保存"命令，将文件进行保存，然后按【F12】键浏览网页，如右下图所示。

Example 02　制作搜索网页

案例展示 >>>

素材文件：光盘素材 \ 素材文件 \ 第 13 章 \ Example 02\images
结果文件：光盘素材 \ 结果文件 \ 第 13 章 \ Example 02\13-2.html
多媒体教学文件：光盘素材 \ 教学文件 \ 第 13 章 \ Example 02\13-2.avi

光盘路径

设计分析 >>>

难易难度： ★★★★☆

操作提示： 本例使用表格与表单元素来制作。

技能要点： 插入表格、插入表单元素。

步骤详解 >>>

01 插入表格。 新建一个网页文件，执行"插入→表格"命令，插入一个 4 行 3 列的表格，设置表格宽为 1 290 像素，边框粗细、单元格边距和单元格间距均为 0，在"属性"面板中将表格设置为"居中对齐"，如左下图所示。

02 插入图像。 将表格第 1 行左侧与中间的两列单元格进行合并，然后在合并后的单元格中插入素材文件 13-2-01.jpg，如右下图所示。

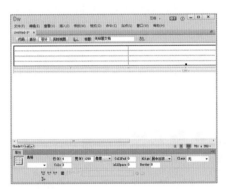

03 插入图像。 将表格第 2 行与第 3 行左侧的单元格进行合并，然后在合并后的单元格中插入素材文件 13-2-02.jpg，如左下图所示。

04 插入表格。 将光标放置于表格第 2 行中间的单元格中，然后执行"插入→表格"命令，插入一个 2 行 1 列、表格宽为 96% 的嵌套表格，然后在"属性"面板中将嵌套表格的"填充"与"间距"设置为 0，对齐方式设置为"居中对齐"，如右下图所示。

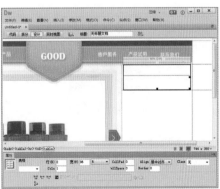

05 输入文字。在嵌套表格的第 1 行单元格中输入文字"本站搜索"，文字颜色为黑色，大小为 14 像素，如左下图所示。

06 插入表单。将光标放置于嵌套表格的第 2 行单元格中，执行"插入→表单→表单"命令，插入一个表单，如右下图所示。

07 插入搜索框。将光标放置于表单中，执行"插入→表单→搜索"命令，插入搜索框，如左下图所示。

08 插入图像。将光标放置于表格第 3 行中间的单元格中，然后插入素材文件 13-2-03.jpg，如右下图所示。

09 插入图像。将表格第 4 行左侧与中间的两列单元格进行合并，然后在合并后的单元格中插入素材文件 13-2-04.jpg，如左下图所示。

10 插入图像。将表格最右列的单元格全部进行合并，然后在合并后的单元格中插入素材文件 13-2-05.jpg，如右下图所示。

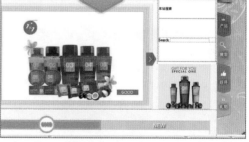

11 **浏览网页**。执行"文件→保存"命令，将文件进行保存，然后按【F12】键浏览网页，如下图所示。

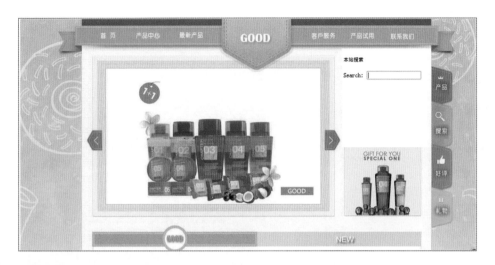

Example 03 **制作数码产品网页**

案例展示 >>>

素材文件：光盘素材 \ 素材文件 \ 第 13 章 \ Example 03\images
结果文件：光盘素材 \ 结果文件 \ 第 13 章 \ Example 03\13-3.html
多媒体教学文件：光盘素材 \ 教学文件 \ 第 13 章 \ Example 03\13-3.avi

光盘路径

设计分析 >>>

难易难度: ★ ★ ★ ☆ ☆

操作提示: 首先插入表格与输入文字制作网页导航,然后通过使用表格与插入图像来制作电子产品网页的主体内容。

技能要点: 插入表格、输入文字、插入图像、拆分单元格。

步骤详解 >>>

01 插入表格。 执行"插入→表格"命令,插入一个 1 行 1 列,宽为 780 像素的表格,并在"属性"面板中将其对齐方式设置为"居中对齐","填充"和"间距"设置为 0,如左下图所示。

02 插入图像。 将光标放置于表格中,执行"插入→图像→图像"命令,在表格中插入素材文件 13-3-01.jpg,如右下图所示。

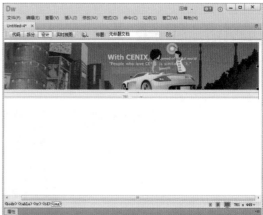

03 插入表格。 执行"插入→表格"命令,插入一个 1 行 1 列,宽为 100% 的表格,并在"属性"面板中将"填充"和"间距"设置为 0,如左下图所示。

04 设置背景颜色。 在"属性"面板中将表格的高设置为 33,背景颜色设置为红色(#FB605E),如右下图所示。

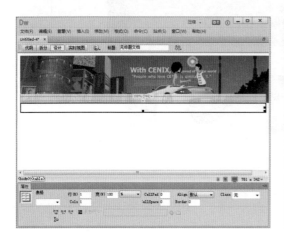

05 插入嵌套表格。将光标放置于表格中，执行"插入→表格"命令，插入一个 1 行 1 列，宽为 780 像素的嵌套表格，并在"属性"面板中将其对齐方式设置为"居中对齐"，"填充"和"间距"设置为 0，如左下图所示。

06 输入文本。在刚插入的嵌套表格中输入如右下图所示的文本，文本颜色为白色，大小为 12 像素。

07 插入表格。执行"插入→表格"命令，插入一个 1 行 2 列，宽为 780 像素的表格，并在"属性"面板中将其对齐方式设置为"居中对齐"，"填充"和"间距"设置为 0，如左下图所示。

08 拆分单元格。将光标放置于表格左侧的单元格中，执行"修改→表格→拆分单元格"命令，打开"拆分单元格"对话框，在对话框中设置单元格的行数拆分为 8 行，如右下图所示。

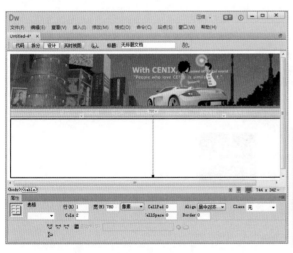 

技能拓展
→ 拆分单元格的快捷方式

按快捷键【Ctrl+Alt+S】可以快速拆分表格或单元格。

09 插入图像。将光标放置于拆分后的第 1 行单元格中，执行"插入→图像→图像"命令，在单元格中插入素材文件 13-3-02.jpg，如左下图所示。

10 输入文本。把第 2 行～第 6 行单元格的高设置为 23，然后在这些单元格中分别输入文本，文本大小为 12 像素，颜色为深灰色（#666666），如右下图所示。

11 插入图像。将光标放置于第 7 行的单元格中，执行"插入→图像→图像"命令，在单元格中插入素材文件 13-3-03.jpg，如左下图所示。

12 插入图像并输入文字。将光标放置于第 8 行的单元格中，执行"插入→图像→图像"命令，在单元格中插入素材文件 13-3-04.jpg，然后将其设置为相对于单元格居中对齐，并在图像的下方输入文本，如右下图所示。

13 插入图像。将光标放置于表格右侧的单元格中，执行"插入→图像→图像"命令，在单元格中插入素材文件 13-3-05.jpg，如左下图所示。

14 插入表格。在网页文档的空白处左击，然后执行"插入→表格"命令，插入一个 2 行 1 列，宽为 780 像素的表格，并在"属性"面板中将其对齐方式设置为"居中对齐"，"填充"和"间距"设置为 0，如右下图所示。

15 插入图像。将光标放置于表格的第 1 行单元格中，执行"插入→图像→图像"命令，在该单元格中插入素材文件 13-3-06.jpg，如左下图所示。

16 拆分单元格并插入图像。将表格的第 2 行单元格拆分为 5 列，然后分别在拆分后的第 1 列~第 5 列单元格中插入图像（13-3-07.jpg ~ 13-3-11.jpg），如右下图所示。

17 设置边距。单击"属性"面板上的 **页面属性…** 按钮，打开"页面属性"对话框，在"上边距"和"下边距"的文本框中输入 0，完成后单击"确定"按钮，如左下图所示。

18 浏览网页。执行"文件→保存"命令，将文件进行保存，然后按【F12】键浏览网页，如右下图所示。

Example 04　制作登录网页

案例展示 >>>

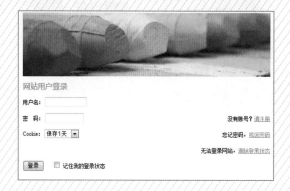

光盘路径

素材文件：光盘素材 \ 素材文件 \ 第 13 章 \ Example 04\13-4-01.jpg
结果文件：光盘素材 \ 结果文件 \ 第 13 章 \ Example 04\13-4.html
多媒体教学文件：光盘素材 \ 教学文件 \ 第 13 章 \ Example 04\13-4.avi

设计分析 >>>

难易难度：★ ★ ★ ☆ ☆

操作提示：本例通过输入文本、综合运用各种表单对象及设置链接属性来制作完成。

技能要点：插入表单对象、设置链接属性。

步骤详解 >>>

01 插入表格。执行"插入→表格"命令，插入一个 1 行 1 列，表格宽为 560 像素，边框粗细、单元格边距和单元格间距均为"0"的表格，并在"属性"面板中将表格设置为"居中对齐"，如左下图所示。

02 插入图像。执行"插入→图像→图像"命令，将素材文件 13-4-01.jpg 插入表格中，如右下图所示。

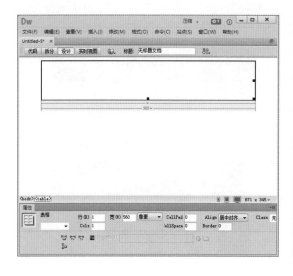

03 插入表单与表格。执行"插入→表单→表单"命令，在网页中插入一张表单，然后将光标放置于表单中，执行"插入→表格"命令，插入一个 6 行 2 列，表格宽为 560 像素，边框粗细、单元格边距和单元格间距均为"0"的表格，并在"属性"面板中将表格设置为"居中对齐"，如左下图所示。

04 输入文字。将光标放置于表格第 1 行左侧的单元格中，输入文字"网站用户登录"，大小为 17 像素，颜色为蓝色（#1F86D3），如右下图所示。

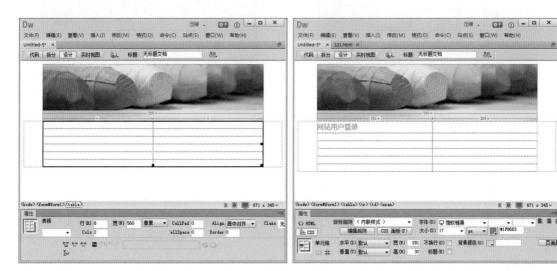

05 插入文本域。在表格第 2 行左侧的单元格中输入文字"用户名："，然后执行"插入→表单→文本"命令，插入一个文本域，如左下图所示。

06 设置文本域。将文本域左侧的"Text Field:"进行删除，选中插入的文本域，在"属性"面板上 "Size"文本框中输入 10，在"Max Length"文本框中输入 20，如右下图所示。

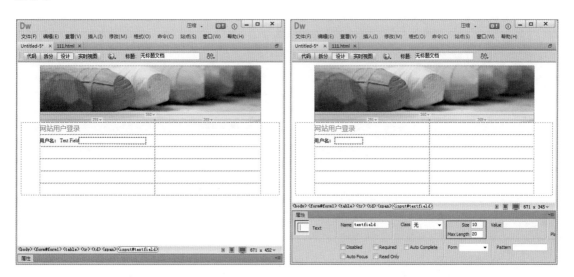

07 插入密码域。在表格第 3 行左侧的单元格中输入文字"密码："，然后执行"插入→表单→密码"命令，插入一个密码域，如左下图所示。

08 设置密码域。将密码域左侧的"Password:"进行删除，选中插入的密码域，在"属性"面板上"Size"文本框中输入 10，在"Max Length"文本框中输入 20，如右下图所示。

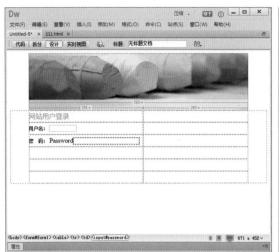
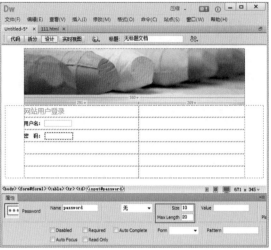

09 插入菜单。在表格第 4 行左侧的单元格中输入英文"Cookie："，然后执行"插入→表单→选择"命令，插入一个菜单，如左下图所示。

10 设置菜单。将菜单左侧的"Select:"进行删除，选中插入的菜单，单击"属性"面板上的 列表值… 按钮，打开"列表值"对话框，在对话框中的"项目标签"区域中输入如右下图所示的列表项目。

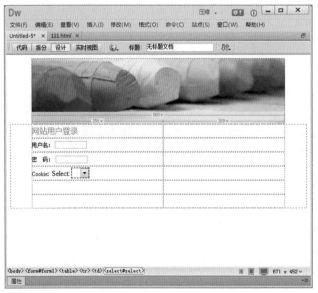

11 选择菜单项。设置完成后，单击"确定"按钮。创建的列表项目显示在"属性"面板上的"Selected"列表框中，选择第 1 项"保存 1 天"选项，如左下图所示。

12 插入按钮。将光标放置于表格第 6 行左侧的单元格中，执行"插入→表单→按钮"

命令，插入一个按钮。选中按钮，在"属性"面板上"Value"文本框中输入"登录"，如右下图所示。

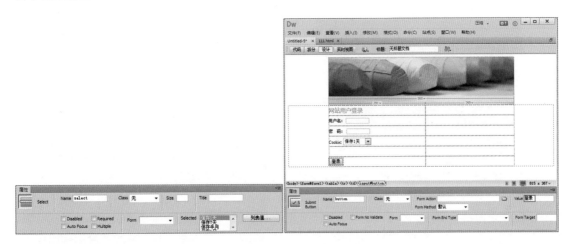

13 插入复选框。将光标放置于"登录"按钮后方，执行"插入→表单→复选框"命令，插入一个复选框，并在插入的复选框后面输入文字，如左下图所示。

14 输入文字。将光标放置于表格第3行右侧的单元格中，输入文字"没有账号？请注册"，然后选择"请注册"这3个字，在"属性"面板上"链接"文本框中输入"#"号，如右下图所示。

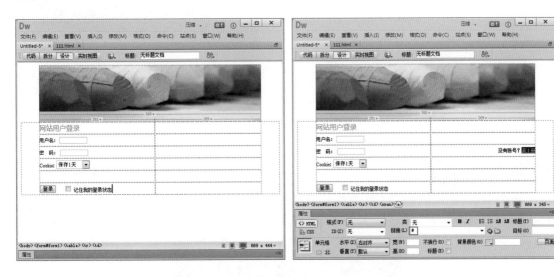

15 输入文字。将光标放置于表格第4行右侧的单元格中，输入文字"忘记密码，找回密码"，然后选择"找回密码"这4个字，在"属性"面板上"链接"文本框中输入"#"号，如左下图所示。

16 输入文字。将光标放置于表格第5行右侧的单元格中，输入文字"无法登录网站，清除登录状态"，然后选择"清除登录状态"这6个字，在"属性"面板上"链接"文本框中输入"#"号，如右下图所示。

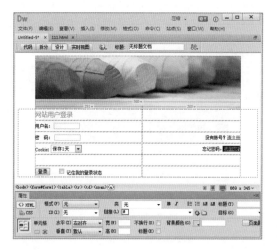 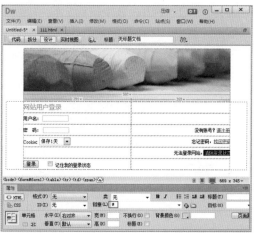

17 设置链接属性。单击"属性"面板上的 页面属性... 按钮，弹出"页面属性"对话框，选择"链接（CSS）"选项，将"链接颜色"与"已访问链接"设置为蓝色，将"变换图像链接"设置为深绿色，在"下划线样式"下拉列表框中选择"始终有下划线"选项，完成后单击"确定"按钮，如左下图所示。

18 浏览网页。执行"文件→保存"命令，将文件进行保存，然后按【F12】键浏览网页，如右下图所示。

Example 05 制作注册网页

案例展示 >>>

素材文件：光盘素材 \ 素材文件 \ 第 13 章 \ Example 05\13-5-01.jpg
结果文件：光盘素材 \ 结果文件 \ 第 13 章 \ Example 05\13-5.html
多媒体教学文件：光盘素材 \ 教学文件 \ 第 13 章 \ Example 05\13-5.avi
光盘路径

设计分析 >>>

难易难度： ★ ★ ★ ☆ ☆

操作提示： 本例综合运用文本域与单选按钮及表单按钮等表单对象来制作。

技能要点： 文本域、单选按钮、表单按钮。

步骤详解 >>>

01 插入表格。执行"插入→表格"命令，插入一个 1 行 1 列，表格宽为 580 像素，边框粗细、单元格边距和单元格间距均为"0"的表格，并在"属性"面板中将表格设置为"居中对齐"，如左下图所示。

02 插入图像。执行"插入→图像→图像"命令，将素材文件 13-5-01.jpg 插入文档中，如右下图所示。

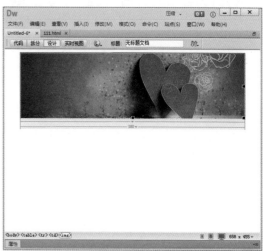

03 插入表单与表格。执行"插入→表单→表单"命令，在网页中插入一张表单，然后将光标放置于表单中，执行"插入→表格"命令，插入一个 1 行 1 列，表格宽为 580 像素，边框粗细为 1，单元格边距和单元格间距均为 3 的表格，并在"属性"面板中将表格设置为"居中对齐"，如左下图所示。

04 设置表格边框颜色。选中表格，单击 代码 按钮，切换到"代码"视图，在 <table width=" 580 " border=" 1 " align=" center " cellpadding=" 3 " cellspacing= " 3 " 后面添加代码：bordercolor=" # E63756 "，如右下图所示。

大师点拨
→

添加代码的作用

代码的作用是将色标值为 #　#E63756也就是将红色作为表格的边框颜色。

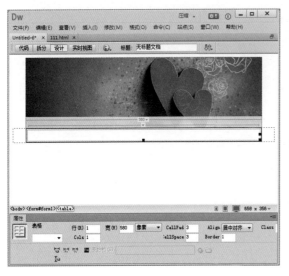

05 设置单元格边框颜色。在"代码"视图中的 <td 后面添加代码：bordercolor= "#E63756"，如左下图所示。表示将色标值为# #E63756 也就是红色作为单元格的边框颜色。

06 设置"填充"与"间距"。单击 设计 按钮，切换到"设计"视图，选中表格，打开"属性"面板，将"CellPad"与"CellSpace"中的值分别设置为"0"，如右下图所示。

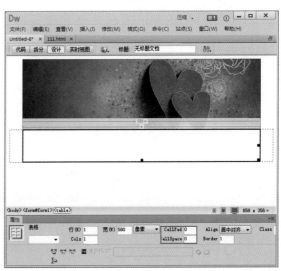

07 插入嵌套表格。将光标放置于表格中，在"属性"面板上将垂直对齐方式设置为"顶端"，然后执行"插入→表格"命令，插入一个 10 行 1 列，表格宽为 96%，边框粗细、单元格边距和单元格间距均为 0 的嵌套表格，并在"属性"面板中将嵌套表格设置为"居中对齐"，如左下图所示。

08 输入文字与插入文本域。在嵌套表格的第 1 行单元格中输入文字，然后在嵌套表格的第 2 行单元格中输入文字"用户名："，然后执行"插入→表单→文本"命令，插入一个文本域。选中插入的文本域，在"属性"面板上"Size"文本框中输入 10，在"Max Length"文本框中输入 20，如右下图所示。

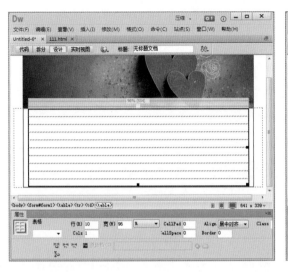 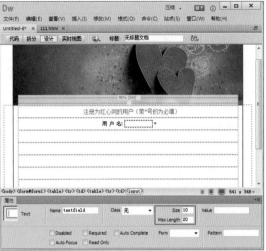

09 插入密码域。在嵌套表格的第 3 行单元格中输入文字"密码"，然后执行"插入→表单→密码"命令，插入一个密码域。选中插入的密码域，在"属性"面板上"Size"文本框中输入 10，在"Max Length"文本框中输入 20，如左下图所示。

10 插入密码域。在嵌套表格的第 4 行单元格中输入文字"确认密码"，然后执行"插入→表单→密码"命令，插入一个密码域。选中插入的密码域，在"属性"面板上"Size"文本框中输入 10，在"Max Length"文本框中输入 20，如右下图所示。

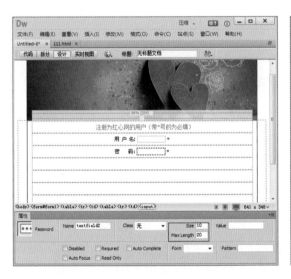 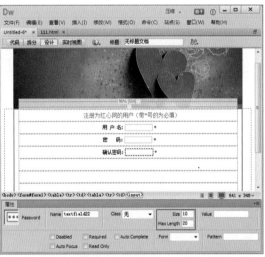

11 输入列表项目。在嵌套表格的第 5 行单元格中输入文字"您的出生日期"，然后执行"插入→表单→选择"命令，插入一个菜单。选中插入的菜单，单击"属性"面板上的 列表值... 按钮，打开"列表值"对话框，在对话框的"项目标签"区域中输入如左下图所示的列表项目。

12 选择列表项目。设置完成后，单击"确定"按钮。创建的列表项目显示在"Selected"列表中，选择第 4 项"1980"选项，如右下图所示。

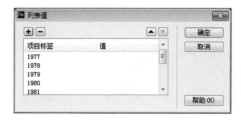

13 插入下拉菜单。按照同样的方法，在网页中输入文字并插入下拉菜单，如左下图所示。

14 插入单选按钮。在嵌套表格的第 6 行单元格中输入文字"性别"，执行"插入→表单→单选按钮"命令，在文字后插入一个单选按钮，然后在单选按钮的后面输入文字"男"。最后在嵌套表格的第 7 行单元格中插入一个单选按钮，并在单选按钮的后面输入文字"女"，如右下图所示。

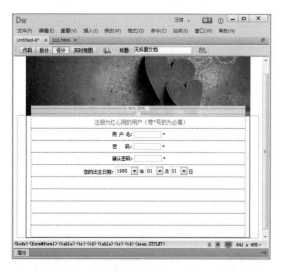
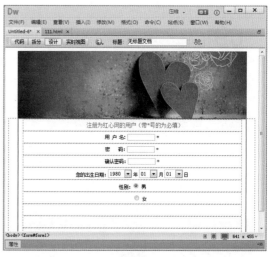

15 制作表单元素。按照插入文本域的方法，在嵌套表格的第 8 行与第 9 行单元格中制作如左下图所示的表单元素。

16 插入"提交"按钮。将光标放置于嵌套表格的第 10 行单元格中，执行"插入→表单→´提交´按钮"命令，插入一个按钮，如右下图所示。

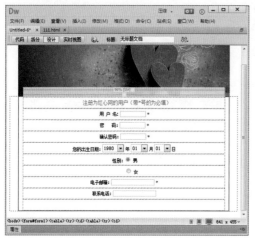
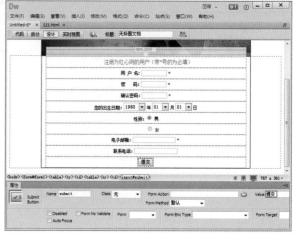

17 插入"重置"按钮。在"提交"按钮后按空格键空几格，执行"插入→表单→´重置´按钮"命令，插入一个按钮，如左下图所示。

18 浏览网页。执行"文件→保存"命令，将文件进行保存，然后按【F12】键浏览网页，如右下图所示。

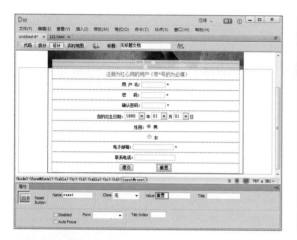

Example 06　制作联系我们网页

案例展示 >>>

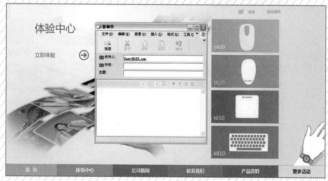

光盘路径

素材文件：光盘素材＼素材文件＼第 13 章＼Example 06＼13-6-01.jpg、13-6-02.jpg
结果文件：光盘素材＼结果文件＼第 13 章＼Example 06＼13-6.html
多媒体教学文件：光盘素材＼教学文件＼第 13 章＼Example 06＼13-6.avi

设计分析 >>>

难易难度： ★★★★☆

操作提示： 本例使用电子邮件链接与下载链接来制作。

技能要点： 电子邮件链接、下载链接。

步骤详解 >>>

01 插入表格。新建一个网页文件，执行"插入→表格"命令，插入一个1行2列、宽为1 127像素的表格，在"属性"面板中将其对齐方式设置为"居中对齐"，"填充"和"间距"设置为0，如左下图所示。

02 插入图像。执行"插入→图像→图像"命令，分别在表格的两列单元格中插入图像，如右下图所示。

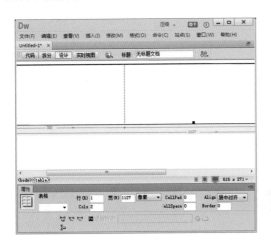
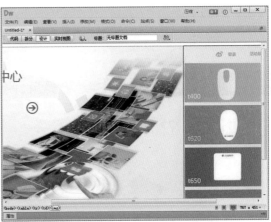

03 插入表格。执行"插入→表格"命令，插入一个1行6列、宽为1 127像素的表格，在"属性"面板中将其对齐方式设置为"居中对齐"，"填充"和"间距"设置为0，如左下图所示。

04 输入文字。将表格第1列单元格的背景颜色设置为黄色（#D3A81B），然后在单元格中输入文字"首页"，如右下图所示。

05 输入文字。将表格其余单元格的背景颜色分别设置为绿色（#02940F）、橙色（#CA4E1A）、蓝色（#2E68A8）、紫色（#C63381）、灰色（#DEDEDE），然后在这些单元格中输入文字，如左下图所示。

06 设置电子邮件链接。选中文字"联系我们"，执行"插入→电子邮件链接"命令，打开"电子邮件链接"对话框，在"电子邮件"文本框中输入电子邮箱地址，完成后单击"确定"按钮，如右下图所示。

大师点拨

什么是电子邮件链接

电子邮件链接是一种特殊的链接，使用mailto协议。在浏览器中单击邮件超链接时，将启动默认的邮件发送程序。该程序是与用户浏览器相关联的。在电子邮件消息窗口中，"收件人"域将自动更新为显示电子邮件链接中指定的地址。

07 选择要链接的文件。选中文字"产品资料"文件，进入"属性"面板，单击"链接"文本框右侧的 □ 按钮，打开"选择文件"对话框，在对话框中选择要链接的文件，如左下图所示。这样就创建了下载链接。

08 设置边距。单击"属性"面板上的 **页面属性...** 按钮，打开"页面属性"对话框，将"上边距"与"下边距"设置为 0，如右下图所示。

大师点拨 →　下载链接的对象是什么

当用户希望浏览者从自己的网站上下载资料时，就需要为文件提供下载链接。网站中的每一个下载文件都必须对应一个下载链接。下载链接一般是指向压缩文件（文件的扩展名为.rar或.zip）和可执行文件（文件的扩展名为.exe）。

09 设置颜色。在"分类"的列表框中选择"链接（CSS）"选项，然后把"链接颜色"与"已访问链接"的颜色设置为白色（#FFF），在"下划线样式"下拉列表中选择"始终无下划线"选项，完成后单击"确定"按钮，如左下图所示。

10 浏览网页。执行"文件→保存"命令，将文件进行保存，然后按【F12】键浏览网页，当单击电子邮件链接时，将弹出"新邮件"对话框发送邮件，单击创建了下载链接的文字时，将弹出"文件下载"对话框提示用户下载产品资料，如右下图所示。

Example 07　制作动感导航网页

案例展示 >>>

素材文件：光盘素材 \ 素材文件 \ 第 13 章 \ Example 07\ images
结果文件：光盘素材 \ 结果文件 \ 第 13 章 \ Example 07\13-7.html
多媒体教学文件：光盘素材 \ 教学文件 \ 第 13 章 \ Example 07\13-7.avi

光盘路径

难易难度：★ ★ ★ ★ ☆

操作提示：本例通过插入鼠标经过图像为网页添加鼠标移动到图像上产生相应的交互效果。

技能要点：插入图像、"鼠标经过图像"命令。

步骤详解 >>>

01 插入表格。新建一个网页文件，执行"插入→表格"命令，插入一个 3 行 1 列、宽为 778 像素的表格，并在"属性"面板中将表格的对齐方式设置为"居中对齐"，把"填充"和"间距"设置为 0，如左下图所示。

02 插入图像。将光标放置于表格的第 1 行单元格中，执行"插入→图像→图像"命令，在单元格中插入素材文件 13-7-01.jpg，如右下图所示。

03 设置单元格背景颜色。将光标放置于表格的第 2 行单元格中，在"属性"面板中设置单元格的水平对齐方式为"左对齐"，高为"40"，背景颜色为深灰色（#656565），如左下图所示。

04 插入嵌套表格。在单元格中再插入一个 1 行 7 列，宽为 702 像素，边框粗细为 0 的嵌套表格，并在"属性"面板中将"填充"和"间距"设置为 0，如右下图所示。

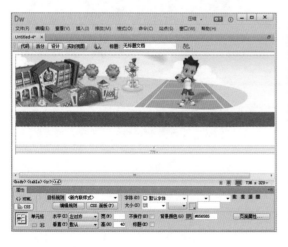 

05 插入图像。将光标放置于嵌套表格左侧的第 1 列单元格中，在"属性"面板中设置单元格的水平对齐为"居中对齐"，宽为 180，高为 40，并插入素材文件 13-7-02.gif，如左下图所示。

06 插入图像。将光标放置于嵌套表格的第 2 列单元格中，执行"插入→图像→图像"命令，插入素材文件 13-7-03.gif，如右下图所示。

07 打开"插入鼠标经过图像"对话框。将光标放置于嵌套表格的第 3 列单元格中，执行"插入→图像→鼠标经过图像"命令，打开"插入鼠标经过图像"对话框，如左下图所示。

08 选择导航条原始图像。在对话框中单击"原始图像"文本框右侧的 浏览... 按钮，打开"原始图像"对话框，并从中选择素材文件 13-7-04.gif，如右下图所示。

 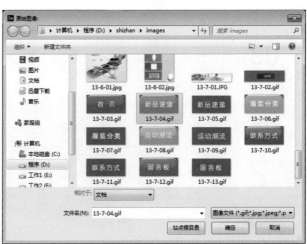

09 返回"插入鼠标经过图像"对话框。单击"确定"按钮，返回"插入鼠标经过图像"对话框。此时"原始图像"文本框中出现选择的原始图像的路径及名称，如左下图所示。

10 选择鼠标经过图像。单击"鼠标经过图像"文本框右侧的 浏览... 按钮，打开"鼠标经过图像"对话框，并从中选择素材文件 13-7-05.gif，如右下图所示。

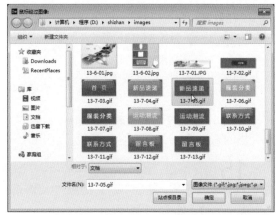

11 插入鼠标经过图像。单击"确定"按钮，返回"插入鼠标经过图像"对话框。此时"鼠标经过图像"文本框中出现选择替换图像的路径及名称，如左下图所示，确认无误后单击"确定"按钮，插入鼠标经过图像，效果如右下图所示。

12 创建导航条栏目。将光标放置于嵌套表格的第 4 列单元格中，执行"插入→图像→鼠标经过图像"命令，弹出"插入鼠标经过图像"对话框，选择素材文件 13-7-06. gif 与 13-7-07. gif 分别作为原始图像与鼠标经过图像，然后单击"确定"按钮插入鼠标经过图像，如左下图所示。

13 创建网页导航条。按照同样的方法在嵌套表格的第 5 列、第 6 列和第 7 列中分别插入鼠标经过图像以创建页面导航条，其效果如右下图所示。

14 设置单元格背景颜色。将光标放置于表格的第 3 行单元格中，在"属性"面板中设置单元格的高为 31，背景颜色为红色（#FF416A），如左下图所示。

15 插入表格。将光标放置于表格外，执行"插入→表格"命令，插入一个 1 行 1 列、宽为 778 像素的表格，并在"属性"面板中将表格的对齐方式设置为"居中对齐"，把"填充"和"间距"设置为 0，如右下图所示。

16 插入图像。将光标放置于表格中，执行"插入→图像→图像"命令，在表格中插入素材文件 13-7-14.jpg，如左下图所示。

17 设置边距。单击"属性"面板上的 页面属性... 按钮，打开"页面属性"对话框，将"上边距"与"下边距"设置为 0，如右下图所示。

18 浏览网页。执行"文件→保存"命令，将文件进行保存，然后按【F12】键浏览网页，如下图所示。

Example 08　制作业务介绍网页

案例展示 >>>

光盘路径

素材文件：光盘素材＼素材文件＼第 13 章＼Example 08＼13-8-01.jpg、13-8-02.jpg
结果文件：光盘素材＼结果文件＼第 13 章＼Example 08＼13-8.html
多媒体教学文件：光盘素材＼教学文件＼第 13 章＼Example 08＼13-8.avi

设计分析 >>>

难易难度：★★★☆☆

操作提示：本例通过综合使用项目列表与编号列表来进行制作。

技能要点：插入项目列表、插入编号列表。

步骤详解 >>>

01 插入图像。新建一个网页文件，执行"插入→图像→图像"命令，将素材文件 13-8-01.jpg 插入文档中，如左下图所示。

02 插入图像。将光标置于图像之后，按快捷键【Shift+Enter】强制换行，然后在文档中插入素材文件 13-8-02.jpg，如右下图所示。

03 输入文字。将光标放置于插入的图像之后，按快捷键【Shift+Enter】强制换行，然后在文档中输入文本。在"属性"面板中将文本的大小设置为 12 像素，如左下图所示。

04 输入文字。在文字后按【Enter】键换行，在文档中输入文本"业务范围："，并在"属性"面板上将文本的大小设置为 12 像素、颜色设置为橙黄色（#FF3300），如右下图所示。

 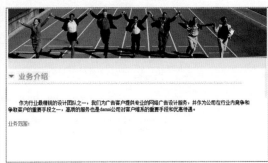

05 输入文字。在文字后按【Enter】键换行，继续在文档中输入文本"主要职能："，并在"属性"面板上将文本的大小设置为 12 像素、颜色设置为橙黄色（#FF3300），如左下图所示。

06 添加项目列表。选中文本"业务范围："与"主要职能："，然后执行"窗口→插入"命令，在"插入"面板中选择"结构"对象，接着单击"项目列表"按钮 `ul 项目列表`，为文本添加项目列表，如右下图所示。

技能拓展
→

打开"插入"面板的快捷方式

按快捷键【Ctrl+F2】可以快速打开"插入"面板。

07 输入文字。将光标放置于第 1 个项目列表之后，先按 2 次【Enter】键换行，然后按 8 次空格键，接着在文档中输入文本。在"属性"面板中将文本的大小设置为 12 像素，颜色设置为黑色，如左下图所示。

08 输入文字。将光标放置于第 2 个项目列表之后，先按 2 次【Enter】键换行，然后按 8 次空格键，接着在文档中输入文本。在"属性"面板中将文本的大小设置为 12 像素，如右下图所示。

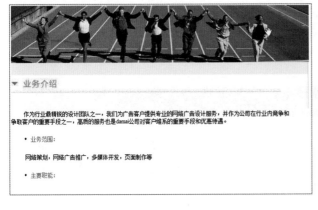 

09 添加编号列表。选中刚输入的文本，然后在"插入"面板中选择"结构"对象，接着单击"编号列表"按钮 `ol 编号列表`，为文本添加编号列表，如左下图所示。

10 设置边距。单击"属性"面板上的 `页面属性...` 按钮，打开"页面属性"对话框，将"上边距"设置为 0，如右下图所示。

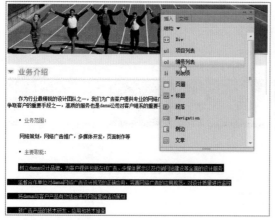

11 浏览网页。执行"文件→保存"命令，将文件进行保存，然后按【F12】键浏览网页，如下图所示。

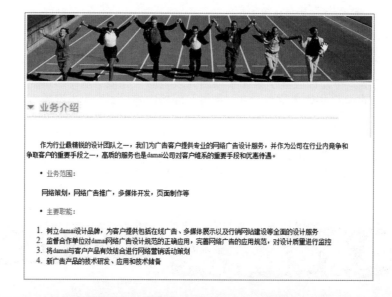

学习小结

本章通过使用表格、框架等制作各种不同类型的网页来讲述网页制作基础的功能，希望通过本章内容的学习，读者能掌握使用表格与框架布局网页的方法，并能综合运用，制作出精美的网页。

CHAPTER

14

DESIGNER

综合案例：企业官方网站设计

近年来，由于互联网的快速发展，使更多的企业将宣传产品的目光投向了网络。建立网站已经成为企业展示自身形象，宣传企业产品的主要途径之一。本章将讲述一家企业官方网站的制作。

知识讲解——行业知识链接

Point 01　网站项目分析

　　企业网站的形象至关重要。特别是对于互联网技术高速发展的今天，大多数客户都是通过网络来了解企业产品、企业形象及企业实力的，因此，企业网站的形象往往决定了客户对企业产品的信心。建立一个美观大方的网站能够极大地提升企业的整体形象。

　　要建立一个美观大方的网站，特别是企业官方网站，最重要的一点就是网页的色彩搭配。有的网站令人感觉愉悦，可以让我们停留很久。而有的网站则让人感觉很烦躁，不能吸引我们的眼球。这样的网站，点击率不可能很高，也就不能吸引客户，其中很大一部分的原因就是网站的色彩没有制定好。

　　一般来说，网站的色彩不宜超过三种。网站的标志、标题、主菜单和主色块，要给人以整体统一的感觉。中间也可以采用一些其他的颜色，但只是作为点缀和衬托，绝不能喧宾夺主。

　　除了主色调之外，颜色的搭配也很重要，主色搭配不同的辅助色会有不同的效果。网站使用的颜色能体现一位网页设计师的理念，而且可以加强企业形象识别的效果，对颜色标准化是强化网站形象最有效、最直接的方法。

Point 02　确定网站风格

　　制作企业官方网站不能太过随意，而是需要根据企业的文化、背景、产品、服务项目及企业形象等多方面的内容进行考虑，在制作时更要力求页面精美、色调统一、布局合理。本章我们就来制作一家企业的宣传网站，为了突出企业专业的感觉，网站将使用深绿色与白色搭配，创造出严谨、大气的效果。网页上宣传企业产品的文字不宜过大或过小，过大会显得突兀；而过小则让浏览者阅读起来感到吃力。另外，网站页面布局应采用较经典的商业网站布局，主体内容在网页中间显示，让浏览者很容易地了解到关于该企业与企业产品的各种信息。

实战应用——上机实战训练

　　下面，给读者介绍一家企业官方网站的设计，希望读者能跟着我们的讲解，一步一步地做出与书同步的效果。

Example 01　处理网站图像 ────────────

案例展示 >>>

光盘路径

素材文件：光盘素材 \ 素材文件 \ 第 14 章 \ Example 01\14-1-01.png
结果文件：光盘素材 \ 结果文件 \ 第 14 章 \ Example 01\14-1.Psd
多媒体教学文件：光盘素材 \ 教学文件 \ 第 14 章 \ Example 01\14-1.avi

设计分析 >>>

难易难度：★★★☆☆

操作提示：本例主要使用像素化和纹理滤镜及图层混合模式来编辑制作。

技能要点：添加马赛克、设置图层混合模式。

步骤详解 >>>

01 打开图像。启动 Photoshop CC, 按快捷键【Ctrl+O】，打开素材文件 14-1-01.png，如左下图所示。

02 设置"马赛克"对话框。复制"背景"图层，得到"背景 拷贝"图层。执行"滤镜→像素化→马赛克"命令，打开"马赛克"对话框，设置参数，完成后单击"确定"按钮，如右下图所示。

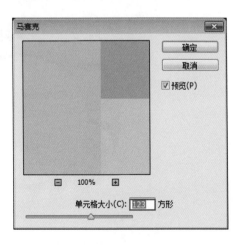

03 设置"混合模式"。将"背景 拷贝"图层的"混合模式"设置为"叠加",如左下图所示。

04 执行"锐化"命令。执行"滤镜→锐化→锐化"命令,效果如右下图所示。

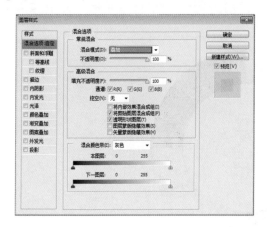 

05 输入文字。单击"直排文字工具" T,在窗口中输入文字"天源",如左下图所示。

06 设置图层样式。为文字图层添加"投影"样式,参数设置如右下图所示。

 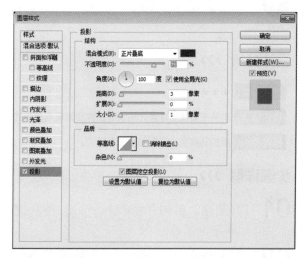

07 最终效果。完成后单击"确定"按钮,效果如下图所示。

Example 02 插入透明 Flash 动画

案例展示 >>>

光盘路径

素材文件：光盘素材 \ 素材文件 \ 第 14 章 \ Example 02\images
结果文件：光盘素材 \ 结果文件 \ 第 14 章 \ Example 02\14-2.html
多媒体教学文件：光盘素材 \ 教学文件 \ 第 14 章 \ Example 02\14-2.avi

设计分析 >>>

难易难度：★★★☆☆

操作提示：本例通过设置表格背景图像与插入透明 Flash 动画来制作。

技能要点：设置表格背景图像、插入透明 Flash 动画。

步骤详解 >>>

01 建立站点。在硬盘上建立一个名为"企业官方网站"的文件夹作为本地根文件夹，用来存放相关的文档，然后在"企业官方网站"文件夹里再创建一个名为"images"的文件夹和一个名为"flash"的文件夹，分别用来存放网站中使用到的图像文件和媒体文件。启动 Dreamweaver CC，将站点命名为"官方网站"，将"企业官方网站"文件夹设置为本地根文件夹，完成后单击 保存 按钮，如左下图所示。

02 设置标题。新建一个网页文件，在"标题栏"处将标题设置为"企业官方网站 - 公司简介"，如右下图所示。

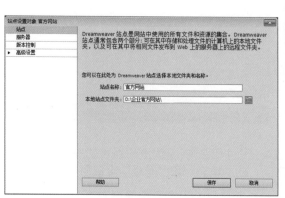

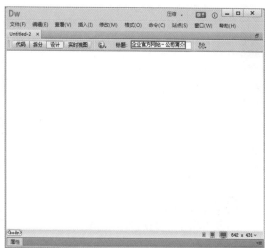

03 插入表格。执行"插入→表格"命令，插入一个1行2列、宽为778像素的表格，并在"属性"面板中将表格的对齐方式设置为"居中对齐"，把"填充"和"间距"设置为0，如左下图所示。

04 插入图像。将光标放置于表格左侧的单元格中，执行"插入→图像→图像"命令，在单元格中插入素材文件14-2-01.jpg，如右下图所示。

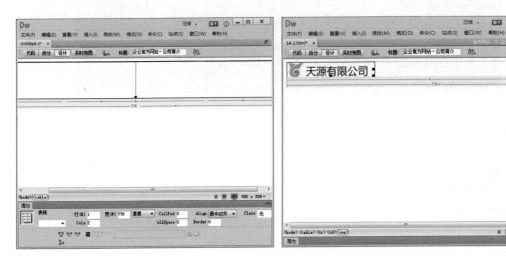

05 设置单元格背景图像。单击 代码 按钮切换到"代码"视图，在 td width="548" 的后面添加代码：background="images/14-2-02.jpg"，如左下图所示。表示使用14-2-02.jpg 作为单元格的背景图像。

06 输入文字。单击 设计 按钮返回"设计"视图，在设置了背景图像的单元格中输入文字，文字大小为12像素，颜色为白色，如右下图所示。

07 插入表格。执行"插入→表格"命令，插入一个1行2列、宽为778像素的表格，并在"属性"面板中将表格的对齐方式设置为"居中对齐"，把"填充"和"间距"设置为0，如左下图所示。

08 设置表格图像。选中插入的表格，单击 代码 按钮切换到"代码"视图，在 <table width="778" border="0" cellpadding="0" cellspacing="0" 的后面输入 background="images/14-2-03.jpg"，如右下图所示，表示使用 14-2-03.jpg 作为表格的背景图像。

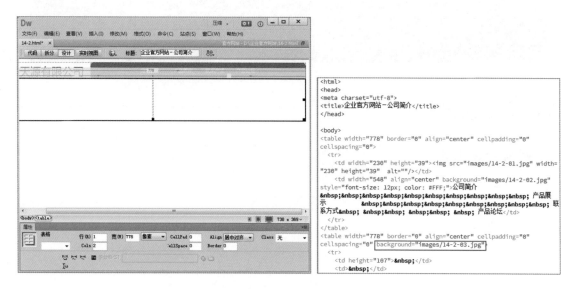

09 插入 Flash 动画。单击 设计 按钮返回"设计"视图，将光标放置于表格的第 1 列单元格中，然后插入一个素材文件 1.swf。选中插入的 Flash 动画，在"属性"面板上"Wmode"下拉列表中选择"透明"选项，如左下图所示。

10 插入 Flash 动画。将光标放置于表格的第 2 列单元格中，然后插入一个素材文件 2.swf。选中插入的 Flash 动画，在"属性"面板上"Wmode"下拉列表中选择"透明"选项，如右下图所示。

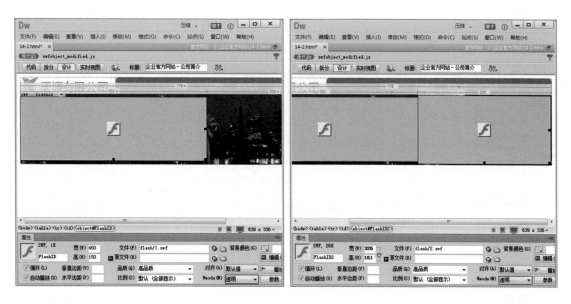

11 浏览网页。执行"文件→保存"命令，将文件进行保存，然后按【F12】键浏览网页，如下图所示。

Example 03　制作网站公告

案例展示 》》》

信息公告

　　为了庆祝本公司建立三周年以及网站开通，公司网站内所有产品一律超低价优惠，详情请单击此处查看。

光盘路径

素材文件：光盘素材 \ 素材文件 \ 第 14 章 \ Example 03\14-3-01.jpg
结果文件：光盘素材 \ 结果文件 \ 第 14 章 \ Example 03\14-3.html
多媒体教学文件：光盘素材 \ 教学文件 \ 第 14 章 \ Example 03\14-3.avi

设计分析 》》》

难易难度：★ ★ ★ ☆ ☆

操作提示：本例主要通过插入表格与添加代码来制作。

技能要点：插入表格、添加代码。

步骤详解 》》》

01 插入表格。将光标放置于 14-2.html 页面的空白处，执行"插入→表格"命令，插入一个 1 行 2 列、宽为 778 像素的表格，并在"属性"面板中将表格的对齐方式设置为"居中对齐"，把"填充"和"间距"设置为 0，如左下图所示。

02 插入嵌套表格。执行"插入→表格"命令，在表格的左侧单元格中插入一个 2 行 1 列、宽为 100% 的嵌套表格，如右下图所示。

03 插入图像。将光标放置于嵌套表格的第 1 行单元格中，执行"插入→图像"命令，在该单元格中插入素材文件 14-3-01.jpg，如左下图所示。

04 输入文本。在嵌套表格的第 2 行单元格中输入文本，文本大小为 12 像素，颜色为灰色（#666666），如右下图所示。

05 添加代码。单击 代码 按钮打开代码视图，在文本前面输入代码 <marquee behavior="scroll" direction="up" width="170" height="116" scrollamount="2" onmouseover="this.stop()" onmouseout="this.start()">，如左下图所示。

06 添加代码。在文本后面输入代码 </marquee>，如右下图所示。

大师点拨

→ **添加代码的作用**

这段代码表示在单元格中将所输入的文字以滚动显示，<marquee>标签表示对文字进行滚动设置，其他的属性值如"scrollAmount"、"direction"等代码是对滚动的速度、滚动的方向及高度进行控制。关于所滚动的文字读者可根据实际需要来进行编辑。

```
<td width="194" height="129" valign="top"><table width="100%" border=
"0" cellspacing="0" cellpadding="0">
    <tr>
        <td height="47"><img src="images/14-3-01.jpg" width="185" height=
"28" alt=""/></td>
    </tr>
    <tr>
        <td height="64" style="font-size: 12px; color: #666;">
        <marquee behavior="scroll" direction="up" width="170" height=
"116" scrollamount="2" onmouseover="this.stop()" onmouseout=
"this.start()">
              为了庆祝本公司建立三周年以及网站开
通, 公司网站内所有产品一律超低价优惠, 详情请单击此处查看。 </td>
    </tr>
    </table></td>
    <td> </td>
    </tr>
</table>
<script type="text/javascript">
swfobject.registerObject("FlashID");
swfobject.registerObject("FlashID2");
</script>
</body>
</html>
```

```
<td width="194" height="129" valign="top"><table width="100%" border=
"0" cellspacing="0" cellpadding="0">
    <tr>
        <td height="47"><img src="images/14-3-01.jpg" width="185" height=
"28" alt=""/></td>
    </tr>
    <tr>
        <td height="64" style="font-size: 12px; color: #666;">
        <marquee behavior="scroll" direction="up" width="170" height=
"116" scrollamount="2" onmouseover="this.stop()" onmouseout=
"this.start()">
              为了庆祝本公司建立三周年以及网站开
通, 公司网站内所有产品一律超低价优惠, 详情请单击此处查看。
        </marquee>
        </td>
    </tr>
    </table></td>
    <td> </td>
    </tr>
</table>
<script type="text/javascript">
swfobject.registerObject("FlashID");
swfobject.registerObject("FlashID2");
</script>
```

07 浏览网页。执行"文件→另存为"命令,将文件另存为 14-3.html,然后按【F12】键浏览网页,如下图所示。

Example 04   制作网页主体部分

案例展示 >>>

素材文件: 光盘素材 \ 素材文件 \ 第 14 章 \ Example 04\14-4-01.jpg、14-4-02.jpg
结果文件: 光盘素材 \ 结果文件 \ 第 14 章 \ Example 04\14-4.html
多媒体教学文件: 光盘素材 \ 教学文件 \ 第 14 章 \ Example 04\14-4.avi

光盘路径

设计分析 >>>

难易难度： ★★★☆☆

操作提示： 本例通过插入嵌套表格、输入文本来制作。

技能要点： 插入嵌套表格、输入文本。

步骤详解 >>>

01 拆分单元格。继续上一个案例的操作，将光标放置于表格右侧的单元格中，将其拆分为两列，如左下图所示。

02 插入嵌套表格。将光标放置于表格中间的单元格中，执行"插入→表格"命令，插入一个 2 行 3 列，宽为 100% 的嵌套表格，如右下图所示。

03 插入图像。将嵌套表格的第 1 行所有单元格全部进行合并，然后在合并后的单元格中插入素材文件 14-4-01.jpg，如左下图所示。

04 输入文字。将光标放置于嵌套表格第 2 行中间的单元格中，输入公司介绍文字，文字大小为 12 像素，颜色为深灰色（#666666），如右下图所示。

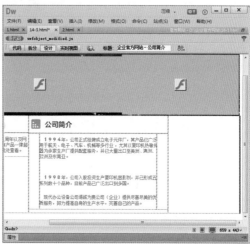

05 插入图像。将光标放置于表格右侧的单元格中，执行"插入→图像→图像"命令，在该单元格中插入素材文件 14-4-02.jpg，如左下图所示。

06 插入表格。将光标放置于页面的空白处，执行"插入→表格"命令，插入一个 1 行 1 列、宽为 778 像素的表格，并在"属性"面板中将表格的对齐方式设置为"居中对齐"，把"填充"和"间距"设置为 0，如右下图所示。

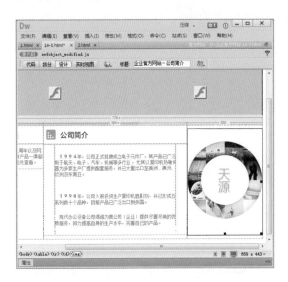
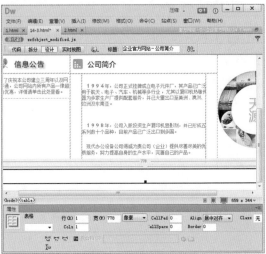

07 输入文字。将表格的高度设置为"35"，背景颜色设置为绿色（#2F7B5F），然后在表格中输入文字，如左下图所示。

08 设置链接。选择页面顶部的"产品展示"文字，在"属性"面板上"链接"文本框中输入"14-5.html"，如右下图所示。

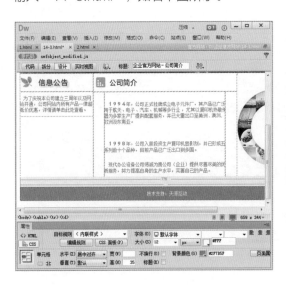

09 设置链接颜色。单击"属性"面板上的 页面属性... 按钮，打开"页面属性"对话框，在"分类"列表框中选择"链接（CSS）"选项，然后把"链接颜色"与"已访问链接"的颜色设置为白色（#FFF），在"下划线样式"下拉列表中选择"始终无下划线"选项，完成后单击"确定"按钮，如左下图所示。

10 浏览网页。执行"文件→另存为"命令，将文件另存为 14-4.html，然后按【F12】键浏览网页，如右下图所示。

Example 05 制作产品展示页面

案例展示 〉〉〉

光盘路径

素材文件：光盘素材 \ 素材文件 \ 第 14 章 \ Example 05\images
结果文件：光盘素材 \ 结果文件 \ 第 14 章 \ Example 05\14-5.html
多媒体教学文件：光盘素材 \ 教学文件 \ 第 14 章 \ Example 05\14-5.avi

设计分析 〉〉〉

难易难度： ★★★★☆

操作提示： 本例通过插入嵌套表格、设置表单元素来制作。

技能要点： 插入嵌套表格、设置表单元素。

步骤详解 >>>

01 设置标题。新建一个网页文件，在"标题栏"处将标题设置为"企业官方网站－产品展示"，如左下图所示。

02 制作网页元素。按照前面所讲述的方法，制作出如右下图所示的网页元素。

 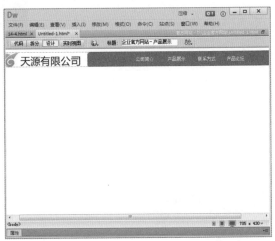

03 插入表格与图像。执行"插入→表格"命令，插入一个 1 行 1 列、宽为 778 像素的表格，并在"属性"面板中将表格的对齐方式设置为"居中对齐"，把"填充"和"间距"设置为 0，然后在表格中插入素材文件 14-5-01.jpg，如左下图所示。

04 插入表格。执行"插入→表格"命令，插入一个 1 行 2 列、宽为 778 像素的表格，并在"属性"面板中将表格的对齐方式设置为"居中对齐"，把"填充"和"间距"设置为 0，如右下图所示。

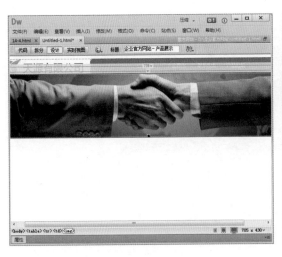 

05 插入嵌套表格。执行"插入→表格"命令，在表格的左侧单元格中插入一个 5 行 1 列、宽为 100% 的嵌套表格，如左下图所示。

06 插入图像。将光标放置于嵌套表格的第 1 行单元格中，执行"插入→图像→图像"命令，在该单元格中插入素材文件 14-5-02.jpg，如右下图所示。

07 输入文字。在嵌套表格剩余的单元格中插入素材文件 14-5-03.gif，并在素材文件后面输入文字，如左下图所示。

08 插入嵌套表格和图像。在表格的右侧单元格中插入一个 5 行 1 列，宽为 100% 的嵌套表格，然后在嵌套表格的第 1 行单元格中插入素材文件 14-5-04.jpg，如右下图所示。

09 输入文字。在嵌套表格的第 2 行和第 3 行单元格中输入文字，将单元格的高设置为"30"，对齐方式为"左对齐"，如左下图所示。

10 插入嵌套表格。将光标放置于嵌套表格的第 4 行单元格中，再插入一个 2 行 2 列，宽为 100% 的嵌套表格，在"属性"面板中将"填充"设置为 0，"间距"设置为 1，如右下图所示。

11 插入表格。在嵌套表格第 1 行左侧的单元格中插入一个 5 行 3 列，设置宽为 100%，"填充"为 0，"间距"为 3 的嵌套表格，如左下图所示。

12 插入图像并输入文字。将刚插入的嵌套表格的左列单元格进行合并，并插入相应的产品图片（14-5-05.jpg），在其他单元格中输入相应的产品名称和相关数据，如右下图所示。

 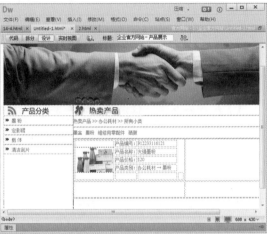

13 插入嵌套表格。在第 1 行右侧的单元格中插入一个 5 行 3 列，设置宽为 100%，"填充"为 0，"间距"为 3 的嵌套表格，并将插入的嵌套表格左列进行合并，插入相应的产品图片（14-5-06.jpg），在其他单元格中输入相应的产品名称和相关数据，如左下图所示。

14 插入嵌套表格。分别在第 2 行的两个单元格中插入一个 5 行 3 列，设置宽为 100%，"填充"为 0，"间距"为 3 的嵌套表格，并将插入的嵌套表格左列进行合并，插入相应的产品图片（14-5-07.jpg、14-5-08.jpg），在其他单元格中输入相应的产品名称和相关数据，如右下图所示。

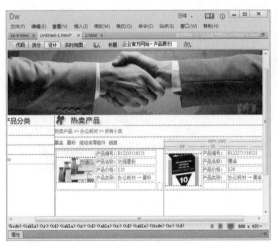 

15 输入文字。在嵌套表格的第 5 行单元格中插入一个 1 行 1 列，宽为 70% 的表格，将表格设置为居中对齐，并在表格中输入文字，如左下图所示。

16 插入列表。将光标放置于文字后，执行"插入→表单→选择"命令，插入一个列表，在"属性"面板上"Size"文本框中输入"1"，如右下图所示。

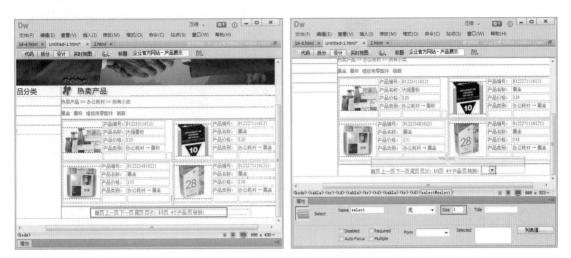

17 设置列表值。单击 列表值... 按钮，弹出"列表值"对话框，在"项目标签"中输入"第1页"，在"值"中输入"1"，完成后单击"确定"按钮，如左下图所示。

18 插入表格。将光标放置于页面的空白处，执行"插入→表格"命令，插入一个 1 行 1 列、宽为 778 像素的表格，并在"属性"面板中将表格的对齐方式设置为"居中对齐"，把"填充"和"间距"设置为 0，如右下图所示。

19 输入文字。将表格高设置为"35"，背景颜色设置为绿色（#2F7B5F），然后在表格中输入文字，如左下图所示。

20 设置链接。选择页面顶部的"公司简介"文字，在"属性"面板上"链接"文本框中输入"14-4.html"，如右下图所示。

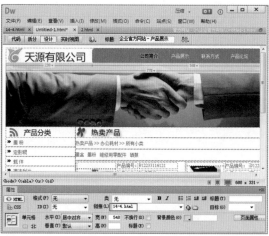

21 设置链接颜色。单击"属性"面板上的 页面属性... 按钮，打开"页面属性"对话框，在"分类"列表框中选择"链接（CSS）"选项，然后把"链接颜色"与"已访问链接"颜色设置为白色（#FFF），在"下划线样式"下拉列表中选择"始终无下划线"选项，完成后单击"确定"按钮，如左下图所示。

22 浏览网页。执行"文件→保存"命令，保存文件，然后按【F12】键浏览网页，如右下图所示。

学习小结

　　本实例在制作的过程中，采用了嵌套表格布局的方法，在页面中还充分利用了表格的背景图像和 Flash 动画相结合，从而达到了需要的效果。需要注意的是，在插入图像和设置背景图像时两者之间有什么不同点和相同点，灵活运用这些，从而进一步提高网页的制作水平。

CHAPTER 15

DESIGNER

综合案例：某房地产网站设计

随着 Internet 在中国的普及，互联网信息技术已经彻底改变了人们的生活和工作。有越来越多不同类型的企业建立了网站进行宣传。本章将详细讲解房地产网站的项目分析与制作。

知识讲解——行业知识链接

Point 01 网站项目分析

对于企业而言，国际互联网更多的是一种先进的商务手段，而不仅是一个风光美丽的虚拟世界。客户建立自己的网站，主要目的是为了宣传企业的品牌及服务，参与国际或国内的市场竞争，为企业创造经济效益并保持在市场的领先地位。因此，帮助客户设计网站的宗旨是要为客户吸引目标用户。

随着面向都市成功人士（主要是 30～50 岁的中年人）的高档楼盘——琥珀城 1 期的大获成功，琥珀集团继而又推出了针对年轻的都市白领新楼盘——琥珀城 2 期。对于该楼盘的营销网站制作，客户要求继续延续 1 期的网站风格——清新、明快、温馨，并根据目标客户的不同凸显其差异化特征。

Point 02 确定网站风格

作为一个面向都市年轻白领的高档优质楼盘，需要一个能够很好地代表楼盘形象的营销网站。在网站中不仅要大力介绍新楼盘的优点，如精品户型、地理位置、明星物管等，还要介绍楼盘的绿化、设计公司等。

根据客户的要求，网站不仅要体现出清新、明快、温馨的风格，还要突出活泼、时尚、青春的特点。因此在网页配色方面，不宜选用过于阴暗的颜色，因为针对的是年轻人，所以选用代表时尚、青春、安逸的绿色为主色，同时与白色搭配。

网页上表达楼盘信息的文字不宜过大或过小，过大会显得突兀，过小则会让浏览者阅读起来感到吃力。另外，网站页面布局应采用较经典的商业网站布局，主体内容在网页中间显示，让浏览者很容易就了解到该楼盘的各种信息。

实战应用——上机实战训练

下面，给读者介绍一个房地产网站的设计，希望读者能跟着我们的讲解，一步一步地做出与书同步的效果。

Example 01 制作 Flash 动画

案例展示 >>>

素材文件：光盘素材 \ 素材文件 \ 第 15 章 \ Example 01\15-1-01.png、15-1-02.png、111.mp3
结果文件：光盘素材 \ 结果文件 \ 第 15 章 \ Example 01\15-1.fla
多媒体教学文件：光盘素材 \ 教学文件 \ 第 15 章 \ Example 01\15-1.avi

光盘路径

设计分析 >>>

难易难度：★ ★ ★ ☆ ☆

操作提示：本例主要使用动作补间动画、遮罩动画、添加音乐来制作。

技能要点：动作补间动画、遮罩动画、添加音乐。

步骤详解 >>>

01 设置动画属性。启动 Flash CC, 新建一个 Flash 空白文档。执行"修改→文档"命令，打开"文档设置"对话框，将"舞台大小"设置为 900×540 像素，"帧频"设置为 12，设置完成后单击"确定"按钮，如左下图所示。

02 导入图像。执行"文件→导入→导入到舞台"命令，将素材文件 15-1-01.png 导入到舞台中，如右下图所示。

03 转换元件并插入关键帧。选中舞台上的图片，将其转换为图形元件，图形元件的名称保持为默认。分别在时间轴上的第 18 帧、第 65 帧与第 80 帧处按【F6】键，插入关键帧，如左下图所示。

04 设置高级属性。选中第 80 帧处的图片，在"属性"面板上"样式"下拉列表框中选择"高级"选项，并进行如右下图所示的设置。最后在第 65 帧与第 80 帧之间创建补间动画。

05 设置 Alpha 值。选中第 1 帧处的图片，在"属性"面板上"样式"下拉列表框中选择"Alpha"选项，并将 Alpha 值设置为 29%，如左下图所示。最后在第 1 帧与第 18 帧之间创建补间动画。

06 输入文字。新建图层 2，在第 10 帧处插入关键帧，单击"文本工具" T ，在舞台上输入白色的文字"琥珀城·2 期"，如右下图所示。

07 转换元件并插入关键帧。选中舞台上的文字，将其转换为图形元件，图形元件的名称保持为默认。分别在时间轴上的第 28 帧、第 70 帧与第 80 帧处按【F6】键，插入关键帧，如左下图所示。

08 设置 Alpha 值。选中第 1 帧与第 80 帧处的图片，在"属性"面板上"样式"下拉列表框中选择"Alpha"选项，并将 Alpha 值设置为 0%，如右下图所示。最后分别在第 1 帧与第 28 帧之间，第 70 帧与第 80 帧之间创建补间动画。

09 导入图像。新建图层 3，在图层 3 的第 70 帧处插入关键帧，导入素材文件 15-1-02.png 到舞台中，如左下图所示。

10 插入空白关键帧。选中舞台上的图像，将其转换为图形元件，图形元件的名称保持为默认。在图层 3 的第 90 帧处插入关键帧。然后选中图层 3 第 70 帧处的图片，并在"属性"面板中将它的 Alpha 值设置为 0%，如右下图所示。最后在第 70 帧与第 90 帧之间创建补间动画。

11 输入文字。在图层 3 的第 180 帧处插入帧，新建图层 4，在该层的第 95 帧处插入关键帧，单击"文本工具" T ，在舞台上输入白色的文字"尊贵、舒适、生活"。

12 绘制矩形。新建图层 5，在第 95 帧处插入关键帧，单击"矩形工具" ▣ ，在文字的左侧绘制一个无边框，填充色为任意色的矩形，如左下图所示。

13 放大矩形。在图层 5 的第 120 帧处插入关键帧，并将该帧处的矩形放大直至完全遮盖住文字，如右下图所示。

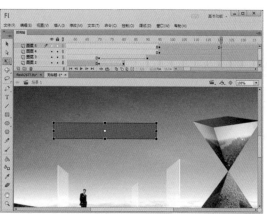

14 选择"遮罩层"命令。在图层 5 的第 95 帧与第 120 帧之间创建形状补间动画，并在图层 5 上右击，在弹出的快捷菜单中选择"遮罩层"命令，如左下图所示。

15 导入音乐文件。新建图层 6，执行"文件→导入→导入到库"命令，将音乐文件 111.mp3 导入到"库"面板中，选择图层 6 的第 1 帧，在"属性"面板 的"名称"下拉列表框中选择刚才导入的音乐文件，如右下图所示。

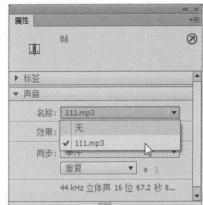

16 **完成效果**。保存文件，按快捷键【Ctrl+Enter】，欣赏本例的完成效果，如下图所示。

Example 02　制作网站片头页

案例展示 >>>

光盘路径
素材文件：光盘素材 \ 素材文件 \ 第 15 章 \ Example 02\15-1.swf、15-2-01.jpg
结果文件：光盘素材 \ 结果文件 \ 第 15 章 \ Example 02\15-2.html
多媒体教学文件：光盘素材 \ 教学文件 \ 第 15 章 \ Example 02\15-2.avi

设计分析 >>>

难易难度：★ ★ ★ ☆ ☆

操作提示：本例通过插入表格与 Flash 动画、插入图像并设置热点来制作。

技能要点：插入 Flash 动画、插入图像、设置热点。

步骤详解 >>>

01 建立站点。在硬盘上建立一个名为"琥珀城 2 期"的文件夹作为本地根文件夹，用来存放相关的文档，然后在"琥珀城 2 期"文件夹里再创建一个名为"images"的文件夹和一个名为"flash"的文件夹，分别用来存放网站中使用到的图像文件和媒体文件。启动 Dreamweaver CC，将站点命名为"琥珀城 2 期网站"，将"琥珀城 2 期"文件夹设置为本地根文件夹，完成后单击 [保存] 按钮，如左下图所示。

02 设置标题。新建一个网页文件，在"标题栏"处将标题设置为"琥珀城 2 期 – 片头"，如右下图所示。

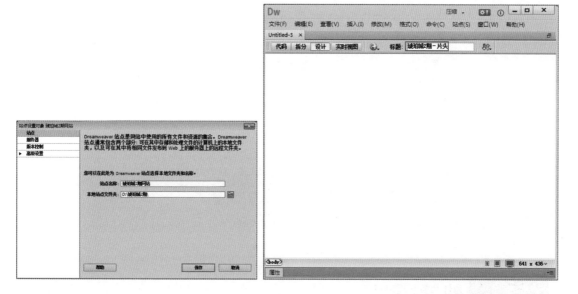

03 插入表格。执行"插入→表格"命令，插入一个 2 行 1 列、宽为 900 像素的表格，并在"属性"面板中将表格的对齐方式设置为"居中对齐"，把"填充"和"间距"设置为 0，如左下图所示。

04 插入 Flash 动画。将光标放置于表格的第 1 行单元格中，执行"插入→媒体→ Flash SWF"命令，将刚制作的 Flash 宣传片 15-1.swf 插入单元格中，如右下图所示。

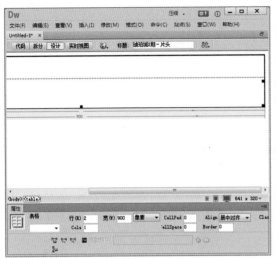

05 插入图像。将光标放置于表格的第 2 行单元格中，执行"插入→图像→图像"命令，在该单元格中插入素材文件 15-2-01.jpg，如左下图所示。

06 创建热点。选择插入的图像，单击"属性"面板中的"矩形热点工具" ▭ ，将光标移到图像上并按住鼠标左键进行拖动，创建热区，如右下图所示。

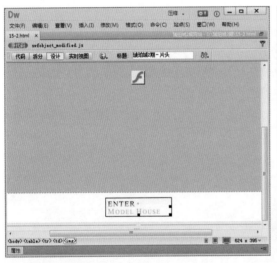
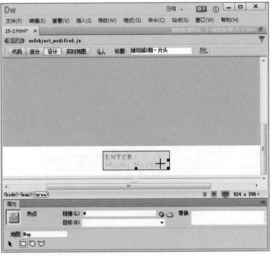

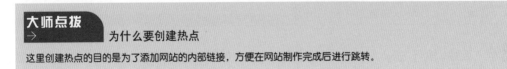

大师点拨
→ 为什么要创建热点

这里创建热点的目的是为了添加网站的内部链接，方便在网站制作完成后进行跳转。

07 设置链接。选择创建的热点，在"属性"面板上"链接"文本框中输入 15-4.html，如左下图所示。

08 浏览网页。执行"文件→保存"命令，将文件进行保存，然后按【F12】键浏览网页，如右下图所示。

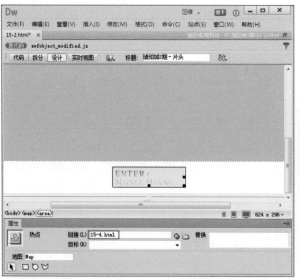

Example 03　制作网站导航

案例展示 >>>

光盘路径

素材文件：光盘素材 \ 素材文件 \ 第 15 章 \ Example 03\15-3-01.jpg
结果文件：光盘素材 \ 结果文件 \ 第 15 章 \ Example 03\15-3.html
多媒体教学文件：光盘素材 \ 教学文件 \ 第 15 章 \ Example 03\15-3.avi

设计分析 >>>

难易难度：★★★☆☆

操作提示：本例主要通过插入表格与设置表格背景颜色来制作。

技能要点：插入表格、设置表格背景颜色。

步骤详解 >>>

01 设置标题。新建一个网页文件，在"标题"栏中把要制作的页面命名为"琥珀城 2 期 - 首页"，如左下图所示。

02 插入表格。执行"插入→表格"命令，插入一个 2 行 1 列、宽为 800 像素的表格，并在"属性"面板中将其对齐方式设置为"居中对齐"，"填充"和"间距"设置为 0，如右下图所示。

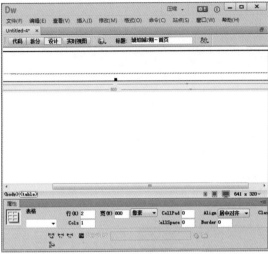

03 插入图像。将光标放置于表格的第 1 行单元格中，执行"插入→图像→图像"命令，在该单元格中插入素材文件 15-3-01.jpg，如左下图所示。

04 设置单元格背景颜色。将光标放置于表格的第 2 行单元格中，在"属性"面板中将其背景颜色设置为灰色（#FBFBFB），如右下图所示。

05 输入导航文字。在表格的第 2 行单元格中输入导航文字，文字大小为 12 像素，颜色为深灰色，如左下图所示。

06 插入表格。将光标放置于页面的空白处，然后执行"插入→表格"命令，插入一个 1 行 1 列、宽为 800 像素的表格，接着在"属性"面板将其对齐方式设置为"居中对齐"，"填充"和"间距"设置为 0，如右下图所示。

07 设置表格背景颜色。在"属性"面板中将表格的高度设置为 5，背景颜色设置为绿色（#BDE376），如下图所示。

08 浏览网页。执行"文件→保存"命令，将文件进行保存，然后按【F12】键浏览网页，如下图所示。

Example 04 制作网站首页

案例展示 >>>

素材文件: 光盘素材 \ 素材文件 \ 第 15 章 \ Example 04\images
结果文件: 光盘素材 \ 结果文件 \ 第 15 章 \ Example 04\15-4.html
多媒体教学文件: 光盘素材 \ 教学文件 \ 第 15 章 \ Example 04\15-4.avi

光盘路径

设计分析 >>>

难易难度: ★★★☆☆

操作提示: 本例通过插入嵌套表格、输入文本来制作。

技能要点: 插入嵌套表格、输入文本。

步骤详解 >>>

01 插入表格。继续上一个案例的操作,将光标放置于页面的空白处,然后执行"插入→表格"命令,插入一个 1 行 2 列、宽为 800 像素的表格,接着在"属性"面板中将其对齐方式设置为"居中对齐","填充"和"间距"设置为 0,如左下图所示。

02 插入嵌套表格。将左侧单元格的背景颜色设置为白色,然后执行"插入→表格"命令,插入一个 7 行 1 列、宽为 225 像素的嵌套表格,如右下图所示。

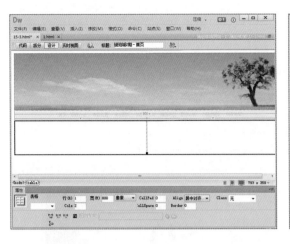 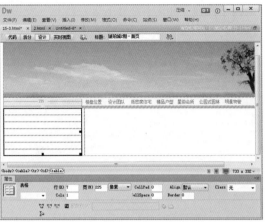

03 插入图像。执行"插入→图像→图像"命令，在嵌套表格的第 1 行单元格中插入素材文件 15-4-01.jpg，如左下图所示。

04 输入文字。在嵌套表格的第 2、3、4、5 行单元格中输入文字，将文字大小设置为 12 像素，颜色为深灰色，如右下图所示。

 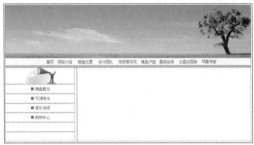

05 插入图像。执行"插入→图像→图像"命令，分别在嵌套表格的第 6 行与第 7 行单元格中插入素材文件 15-4-02.jpg 和 15-4-03.jpg，如左下图所示。

06 插入嵌套表格。在表格右侧的单元格中插入一个 6 行 3 列、宽为 570 像素、"填充"与"间距"为 0 的嵌套表格，如右下图所示。

 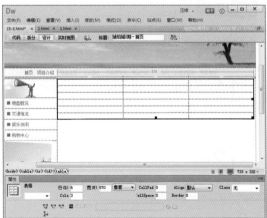

07 插入图像。将嵌套表格的第 1 行单元格进行合并，然后在合并后的单元格中插入素材文件 15-4-04.jpg，如左下图所示。

08 插入图像。在嵌套表格第 3 行中间的单元格中插入素材文件 15-4-05.jpg，如右下图所示。

09 输入文字。在嵌套表格第 5 行中间的单元格中输入文字，将文字大小设置为 12 像素，其中标题文字的颜色为绿色（#669900），正文文字的颜色为深灰色（# 666666），如左下图所示。

10 插入图像。执行"插入→图像→图像"命令，分别在嵌套表格的第 6 行单元格中插入素材文件 15-4-06.jpg 和 15-4-07.jpg，如右下图所示。

11 插入表格。将光标放置于页面的空白处，然后执行"插入→表格"命令，插入一个 2 行 1 列、宽为 800 像素的表格，在"属性"面板中将其对齐方式设置为"居中对齐"，"填充"和"间距"设置为 0，如左下图所示。

12 输入文字。将单元格的背景颜色设置为绿色（#BDE376），然后分别在这两行单元格中输入文字，将文字大小设置为 12 像素，颜色为深灰色（#666666），如右下图所示。

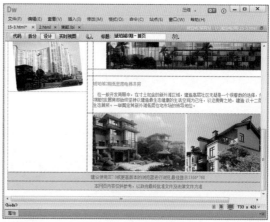

13 设置背景颜色与边距。执行"修改→页面属性"命令，打开"页面属性"对话框，将网页的背景图像设置为浅灰色（#FBFBFB），将"上边距"与"下边距"设置为 0，如左下图所示。

14 浏览网页。执行"文件→另存为"命令，将文件另存为 15-4.html，然后按【F12】键浏览网页，如右下图所示。

学习小结

本章以制作楼盘网站为实例，针对客户提出的延续清新、明快、温馨的风格，还要突出活泼、时尚、优雅的特点，设计师使用浅绿色为网站的主色调，并通过典型商业网站的布局对网站进行设计，引导读者将前面所学的知识和技巧运用到网页设计中。

音乐

视频

CHAPTER 16

音乐　　　视频

Enter the web site

DESIGNER

综合案例：在线交互娱乐网站设计

　　本章使用库项目制作在线交互娱乐网站，在一家大型的网站中一般都会有几十甚至上百个风格基本相似的页面，在制作时若对每一个页面都设置页面结构，以及导航条、版权信息等网页元素，其工作量是相当大的。而通过创建库项目就极大地简化了操作。

知识讲解——行业知识链接

Point 01　网站项目分析

要制作一个在线交互娱乐网站，其面对的是不同年龄段的用户，网站定位要满足于不同人群的各种需求，这样才能吸引并留住更多的用户。

在内容方面，不同的主题面向的用户也不同，要根据用户来定位该主题的特点，并从用户的角度来安排具体内容。如搜狐的视频频道，为了方便用户浏览，采用了白底黑字来显示内容，让用户即使长时间地阅读也不会产生视觉疲劳。当天的头条新闻则采用加大的红色表示，让用户能第一时间找到需要观看的视频，从而节约了时间。

Point 02　确定网站风格

在线交互娱乐网站的特点是信息量大、内容全面、浏览者众多。对于这样一家大型的网站，在首页上应该将网站的主要栏目表示出来，以使浏览者很快能找到自己感兴趣的信息。

另外，要明确每个栏目的主要浏览人群，比如综艺频道的主要对象是年轻人，韩剧频道的主要对象是女性。因此，在线娱乐网站的主题应该以活泼、轻松为主，首页并没有确定的主色调，而是以白色为背景色，大胆地将红色、绿色等综合起来使用，再配以充满动感的大幅精美图像，这样才会吸引年轻人的目光。

而且网站中的视频应该使用流媒体格式 FLV，FLV 是 FLASH VIDEO 的简称，FLV 流媒体格式是随着 Flash 的发展而出现的视频格式。由于它形成的文件极小、加载速度极快，不用将浏览者的时间浪费在等待视频加载中，所以许多在线视频网站都采用了此视频格式。

实战应用——上机实战训练

下面，给读者介绍一个在线交互娱乐网站的设计，希望读者能跟着我们的讲解，一步一步地做出与书同步的效果。

Example 01　制作按钮

案例展示 >>>

音　乐	视　频

光盘路径　　素材文件：无
结果文件：光盘素材 \ 结果文件 \ 第 16 章 \ Example 01\16-1-01.psd、16-1-02.psd
多媒体教学文件：光盘素材 \ 教学文件 \ 第 16 章 \ Example 01\16-1.avi

设计分析 >>>

难易难度： ★★★☆☆

操作提示： 本例运用了横排文字工具、图层样式、加深和减淡工具等来共同编辑制作。

技能要点： 横排文字工具、图层样式、加深工具、减淡工具。

步骤详解 >>>

01 新建文件。按快捷键【Ctrl+N】，新建一个图像文件，在"名称"文本框中输入"音乐按钮"，然后设置其他的相关参数，完成后单击"确定"按钮，如左下图所示。

02 绘制矩形。单击"矩形工具" ，在图像窗口中绘制一个任意颜色，宽和高分别为80 像素与 35 像素的矩形，如右下图所示。

03 设置图层样式。双击矩形图层，打开"图层样式"对话框，勾选"描边"复选框，然后按照左下图所示的参数进行设置。

04 设置图层样式。在"图层样式"对话框的左侧勾选"颜色叠加"复选框，其参数设置如右下图所示。

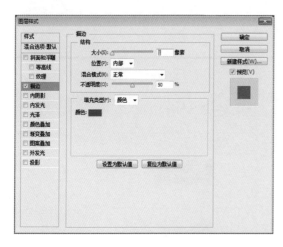
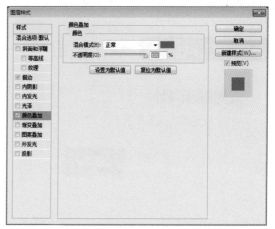

05 设置图层样式。在"图层样式"对话框的左侧勾选"渐变叠加"复选框，其参数设置如左下图所示。

06 设置图层样式。在"图层样式"对话框的左侧勾选"投影"复选框，其参数设置如右下图所示，完成后单击"确定"按钮。

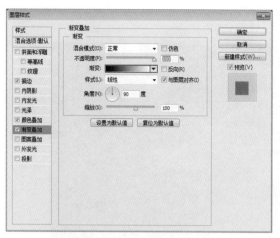 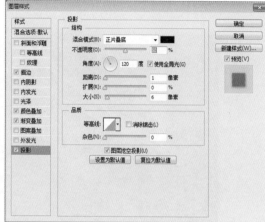

07 涂抹矩形。在工具箱中单击"加深工具" ，然后使用"加深工具" 涂抹矩形的左侧和右侧，如左下图所示。

08 涂抹矩形。在工具箱中单击"减淡工具" ，然后使用"减淡工具" 涂抹矩形的上侧和下侧，如右下图所示。

09 输入文字。单击"横排文字工具" ，在矩形上输入白色的文字"音乐"，如左下图所示。

10 制作按钮。按照同样的方法，再创建一个按钮并输入白色的文字"视频"，如右下图所示。

Example 02 制作首页

音 乐　　　视 频

Enter the web site

素材文件：光盘素材 \ 素材文件 \ 第 16 章 \ Example 02\16-1.swf、16-2-01.jpg
结果文件：光盘素材 \ 结果文件 \ 第 16 章 \ Example 02\16-2.html
光盘路径 多媒体教学文件：光盘素材 \ 教学文件 \ 第 16 章 \ Example 02\16-2.avi

设计分析 >>>

难易难度：★ ★ ★ ☆ ☆

操作提示：本例通过插入表格、插入图像并设置热点来制作。

技能要点：插入图像、设置热点。

步骤详解 >>>

01 建立站点。在硬盘上建立一个名为"在线交互娱乐网站"的文件夹作为本地根文件夹，用来存放相关文档，然后在"在线交互娱乐网站"文件夹里再创建一个名为"images"的文件夹和一个名为"flash"的文件夹，分别用来存放网站中使用到的图像文件和媒体文件。启动Dreamweaver CC，将站点命名为"交互娱乐网站"，将"在线交互娱乐网站"文件夹设置为本地根文件夹，完成后单击 保存 按钮，如左下图所示。

02 设置标题。新建一个网页文件，在"标题栏"处将标题设置为"首页"，如右下图所示。

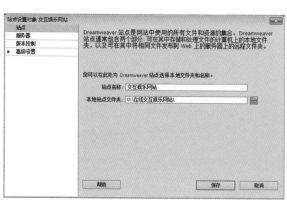
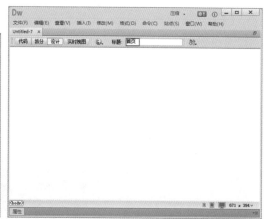

03 插入表格。执行"插入→表格"命令，插入一个 4 行 1 列，宽为 778 像素的表格，并在"属性"面板中将其对齐方式设置为"居中对齐"，"填充"和"间距"设置为 0，如左下图所示。

04 插入图像。将光标放置于表格的第 1 行单元格中，执行"插入→图像→图像"命令，将素材文件 16-2-01.jpg 插入单元格中，如右下图所示。

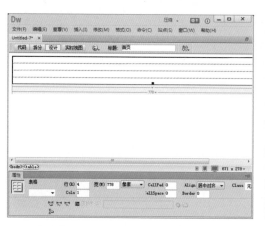

05 插入图像。将光标放置于表格的第 2 行单元格中，执行"插入→图像→图像"命令，在该单元格中插入使用 Photoshop CC 制作的按钮图像，如左下图所示。

06 插入图像。将光标放置于表格的第 3 行单元格中，执行"插入→图像→图像"命令，将素材文件 16-2-04.jpg 插入单元格中，如右下图所示。

07 插入图像。将光标放置于表格的第 3 行单元格中，执行"插入→图像→图像"命令，将素材文件 16-2-05.jpg 插入单元格中，如左下图所示。

08 设置网页背景图像。单击"属性"面板上的 页面属性... 按钮，打开"页面属性"对话框，为网页设置一幅背景图像（images/16-2-06.gif），完成后单击"确定"按钮，如右下图所示。

09 创建热点。选择"音乐"按钮，单击"属性"面板中的"矩形热点工具" □，将光标移到图像上并按住鼠标左键进行拖动，创建热区，如左下图所示。

10 设置链接。选择创建的热点，在"属性"面板上"链接"文本框中输入 16-4.html，如右下图所示。

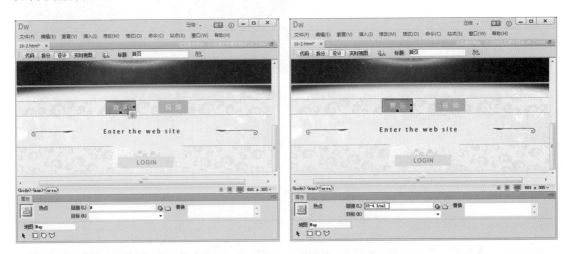

11 创建热点。选择"视频"按钮，单击"属性"面板中的"矩形热点工具" □，将光标移到图像上并按住鼠标左键进行拖动，创建热区，如左下图所示。

12 设置链接。选择创建的热点，在"属性"面板上"链接"文本框中输入 16-5.html，如右下图所示。

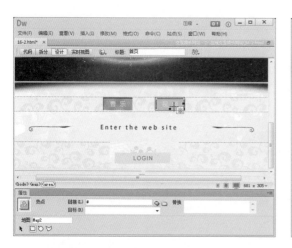
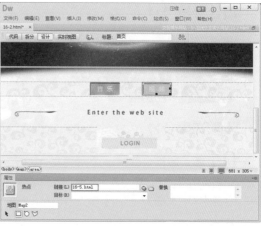

13 浏览网页。执行"文件→保存"命令，将文件进行保存，然后按【F12】键浏览网页，如下图所示。

Example 03　制作库项目

案例展示 >>>

素材文件：光盘素材 \ 素材文件 \ 第 16 章 \ Example 03\16-3-01.jpg
结果文件：光盘素材 \ 结果文件 \ 第 16 章 \ Example 03\16-3.html
多媒体教学文件：光盘素材 \ 教学文件 \ 第 16 章 \ Example 03\16-3.avi

光盘路径

设计分析 ≫

难易难度: ★ ★ ★ ☆ ☆

操作提示: 本例主要通过创建库项目来制作。

技能要点: 创建库项目。

步骤详解 ≫

01 插入表格。新建一个网页文件,执行"插入→表格"命令,插入一个 2 行 1 列、宽为 800 像素的表格,并在"属性"面板中将表格的对齐方式设置为"居中对齐",把"填充"和"间距"设置为 0,如左下图所示。

02 插入图像。将光标放置于表格的第 1 行单元格中,执行"插入→图像→图像"命令,在该单元格中插入素材文件 16-3-01.jpg,如右下图所示。

03 输入文字。将表格第 2 行单元格的背景颜色设置为灰色(#1A1A1A),然后在单元格中输入文字,文字大小为 13 像素,颜色为白色,如左下图所示。

04 新建库项目。选择整张表格,执行"窗口→资源"命令,打开"资源"面板,单击"新建库项目"按钮,新建库项目,并将其命名为"dingbu",如右下图所示。

大师点拨
→

什么是库项目

库是指将页面中的导航条、版权信息、公司商标等常用的构成元素转换为库保存起来，在需要时调用。
Dreamweaver CC允许将网站中需要重复使用或经常更新的页面元素（如图像、文本、版权信息等）存入库，存入库中的元素称之为库项目，它包含已创建并且便于放在Web页上的单独资源或资源副本的集合。
库项目存放在每个站点的本地根目录下的"Library"文件夹中，扩展名为.lbi。

05 浏览网页。执行"文件→保存"命令，将文件进行保存，按【F12】键浏览网页，如下图所示。

Example 04　在线播放音乐

案例展示 >>>

素材文件：光盘素材 \ 素材文件 \ 第 16 章 \ Example 04\images
结果文件：光盘素材 \ 结果文件 \ 第 16 章 \ Example 04\16-4.html
光盘路径　多媒体教学文件：光盘素材 \ 教学文件 \ 第 16 章 \ Example 04\16-4.avi

设计分析 >>>

难易难度： ★★★★☆

操作提示： 本例通过插入嵌套表格、添加音乐播放器来制作。

技能要点： 插入嵌套表格、添加音乐播放器。

步骤详解 >>>

01 插入表格。继续上一个案例的操作，将光标放置于页面的空白处，执行"插入→表格"命令，插入一个3行1列、宽为800像素的表格，并在"属性"面板中将表格的对齐方式设置为"居中对齐"，把"填充"和"间距"设置为0，如左下图所示。

02 输入文字。在表格的第1行单元格中输入文字，将文字大小设置为12像素，颜色为灰色（#666666），如右下图所示。

03 插入图像。将光标放置于输入的文字之后，然后按6次空格键，接着执行"插入→图像→图像"命令，将素材文件16-4-01.jpg插入单元格中，如左下图所示。

04 创建热区。选中插入的图像，打开"属性"面板，单击"矩形热点工具" ▢，为图像创建热区，如右下图所示。

05 **链接音乐文件**。单击"链接"文本框右侧的 🗀 按钮，打开"选择文件"对话框，在对话框中选择要链接的音乐文件 11.mp3，如左下图所示。

06 **添加代码**。将光标放置于第 2 行的单元格中，将"水平"对齐方式设置为居中对齐，单击 代码 按钮切换到代码视图，在 <td height="25" align="center"> 的后面输入 <embed src="11.mp3" autostart="false" width="450" height="120" type="audio/x-pn-realaudio-plugin"></embed>，如右下图所示。

07 **插入播放器**。单击 设计 按钮切换回"设计"视图，即可看到插入的播放器，如左下图所示。

08 **插入嵌套表格**。将表格的第 3 行单元格拆分为两列，然后在拆分后的左侧单元格中插入一个 3 行 2 列，宽为 96% 的嵌套表格，在"属性"面板中将其对齐方式设置为"居中对齐"，"填充"和"间距"设置为 0，如右下图所示。

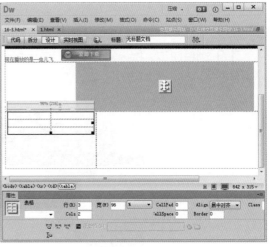

09 **插入图像**。分别在嵌套表格的各个单元格中插入素材文件 16-4-02.jpg ~ 16-4-07.jpg，如下图所示。

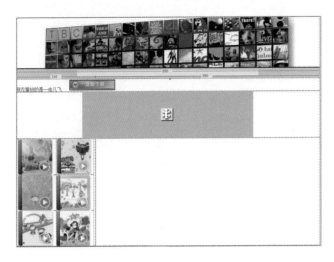

10 输入文字。在表格第 3 行右侧的单元格中输入文字，将文字大小设置为 12 像素，颜色为灰色（#666666），如下图所示。

11 浏览网页。执行"文件→另存为"命令，将文件另存为 16-4.html，然后按【F12】键浏览网页，如下图所示。

Example 05 在线播放视频

案例展示 ≫≫

 光盘路径

素材文件：光盘素材 \ 素材文件 \ 第 16 章 \ Example 05\images
结果文件：光盘素材 \ 结果文件 \ 第 16 章 \ Example 05\16-5.html
多媒体教学文件：光盘素材 \ 教学文件 \ 第 16 章 \ Example 05\16-5.avi

设计分析 ≫≫

难易难度：★★★★☆

操作提示：本例通过插入库项目与流媒体视频 flv 来制作。

技能要点：插入库项目、插入 flv。

步骤详解 ≫≫

01 插入库项目。新建一个网页文件，打开"资源"面板，选择库项目"dingbu"，然后单击 插入 按钮，将库项目插入文档中，如左下图所示。

02 插入表格。将光标放置于页面的空白处，执行"插入→表格"命令，插入一个 4 行 1 列、宽为 800 像素的表格，并在"属性"面板中将表格的对齐方式设置为"居中对齐"，把"填充"和"间距"设置为 0，如右下图所示。

03 插入图像。将光标放置于表格的第 1 行单元格中，接着执行"插入→图像→图像"命令，将素材文件 16-5-01.jpg 插入单元格中，如左下图所示。

04 输入文字。在表格的第 2 行单元格中输入文字，将文字大小设置为 12 像素，颜色为灰色（#302930），如右下图所示。

05 选择"累进式下载视频"选项。将光标放置于表格的第 3 行单元格中，执行"插入→媒体→Flash Video"命令，打开"插入 FLV"对话框，在"视频类型"下拉列表框中选择"累进式下载视频"选项，如左下图所示。

06 选择 FLV 视频文件。单击"URL"文本框右侧的 浏览... 按钮，打开"选择 FLV"对话框，在对话框中选择需要播放的 FLV 视频文件 123.flv，如右下图所示。

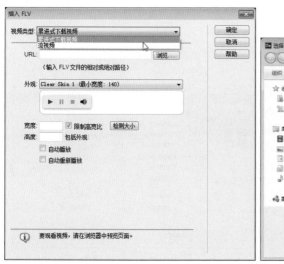

大师点拨
→

为什么选择"累进式下载视频"选项

"累进式下载视频"是首先将FLV文件下载到访问者的硬盘上，然后进行播放，它可以在下载完成之前就开始播放视频文件，不需浏览者等待太长的时间。

07 设置外观。在"外观"下拉列表框中选择"Clear Skin 1（最小宽度：140）"选项，将宽度和高度分别设置为 490 和 320，如左下图所示。

08 插入 FIV 视频。完成后单击"确定"按钮，即可在网页的文档中插入 FLV 视频文件，如右下图所示。

09 插入图像。在表格的第 4 行单元格中插入素材文件 16-5-02.jpg，如左下图所示。

10 设置边距。执行"修改→页面属性"命令，打开"页面属性"对话框，将网页的"上边距"与"下边距"设置为 0，如右下图所示。

11 浏览网页。执行"文件→保存"命令，保存文件，然后按【F12】键浏览网页，如下图所示。

学习小结

　　本章使用库项目制作在线交互娱乐网站，库是一种用来存储网站中经常出现或重复使用的页面元素。简单地说，库主要是用来处理重复出现的内容。例如，每一个网页都会使用导航栏，如果一个一个地设置就会十分的烦琐。这时可以将其收集在库中，使之成为库项目，当需要使用导航栏时，直接插入该项目即可。

笔记栏

读 者 意 见 反 馈 表

亲爱的读者：

感谢您对中国铁道出版社的支持，您的建议是我们不断改进工作的信息来源，您的需求是我们不断开拓创新的基础。为了更好地服务读者，出版更多的精品图书，希望您能在百忙之中抽出时间填写这份意见反馈表发给我们。随书纸制表格请在填好后剪下寄到：北京市西城区右安门西街8号中国铁道出版社综合编辑部 苏茜 收（邮编：100054）。或者采用传真（010–63549458）方式发送。此外，读者也可以直接通过电子邮件把意见反馈给我们，E–mail地址是：4278268@qq.com。我们将选出意见中肯的热心读者，赠送本社的其他图书作为奖励。同时，我们将充分考虑您的意见和建议，并尽可能地给您满意的答复。谢谢！

所购书名：_____

个人资料：

姓名：_____ 性别：_____ 年龄：_____ 文化程度：_____

职业：_____ 电话：_____ E–mail：_____

通信地址：_____ 邮编：_____

您是如何得知本书的：

□书店宣传 □网络宣传 □展会促销 □出版社图书目录 □老师指定 □杂志、报纸等的介绍 □别人推荐
□其他（请指明）_____

您从何处得到本书的：

□书店 □邮购 □商场、超市等卖场 □图书销售的网站 □培训学校 □其他

影响您购买本书的因素（可多选）：

□内容实用 □价格合理 □装帧设计精美 □带多媒体教学光盘 □优惠促销 □书评广告 □出版社知名度
□作者名气 □工作、生活和学习的需要 □其他

您对本书封面设计的满意程度：

□很满意 □比较满意 □一般 □不满意 □改进建议

您对本书的总体满意程度：

从文字的角度 □很满意 □比较满意 □一般 □不满意
从技术的角度 □很满意 □比较满意 □一般 □不满意

您希望书中图的比例是多少：

□少量的图片辅以大量的文字 □图文比例相当 □大量的图片辅以少量的文字

您希望本书的定价是多少：

本书最令您满意的是：

1.
2.

您在使用本书时遇到哪些困难：

1.
2.

您希望本书在哪些方面进行改进：

1.
2.

您需要购买哪些方面的图书？对我社现有图书有什么好的建议？

您更喜欢阅读哪些类型和层次的计算机书籍（可多选）？

□入门类 □精通类 □综合类 □问答类 □图解类 □查询手册类 □实例教程类

您在学习计算机的过程中有什么困难？

您的其他要求：